U0480001

四川省自然科学基金(23NSFSC019)
四川省地质调查研究院重大专项(SCIGS-CZDXM-2023002)
四川省筠连-兴文稀有稀土金属矿调查评价项目

川南地区黏土岩关键金属富集特征及成矿过程

郝雪峰　梁　斌　唐　屹　钟　伟　等　著

科　学　出　版　社
北　京

内容简介

本书以川南地区上二叠统龙潭组下部黏土岩为研究对象，在对区域样品锂等关键金属含量分析的基础上，以钻孔岩心样品为重点，查明并分析关键金属的富集层位、含量特征及富集规律、富集机理。采用粉晶 X 射线衍射、聚焦离子束飞行时间二次离子质谱、电子探针显微分析、扫描电镜-能量色散 X 射线谱等测试方法，基本确定 Li、REE、Nb 等关键金属的赋存状态。通过综合分析，建立川南地区黏土型锂等关键金属成矿模式和找矿模型，分析资源潜力，指出找矿方向，对于今后在该地区开展锂等关键金属的地质找矿及资源开发利用具有重要的指导作用。

本书可供从事关键金属地质找矿、科学研究的相关高校、矿业企业与勘探部门人员参考。

审图号：川 S【2025】00025 号

图书在版编目(CIP)数据

川南地区黏土岩关键金属富集特征及成矿过程 / 郝雪峰等著. -- 北京：科学出版社, 2025. 6. -- ISBN 978-7-03-082194-2

Ⅰ. P588.22

中国国家版本馆 CIP 数据核字第 2025Y9F243 号

责任编辑：罗　莉 / 责任校对：彭　映
责任印制：罗　科 / 封面设计：墨创文化

科学出版社 出版
北京东黄城根北街16号
邮政编码：100717
http://www.sciencep.com

四川煤田地质制图印务有限责任公司 印刷
科学出版社发行　各地新华书店经销

*

2025 年 6 月第　一　版　开本：B5（720×1000）
2025 年 6 月第一次印刷　印张：10
字数：230 000

定价：149.00 元

（如有印装质量问题，我社负责调换）

本书作者名单

郝雪峰　梁　斌　唐　屹　钟　伟

周颂德　潘　蒙　何洋飘　刘治成

周万峰　吴　晗

前　言

锂(Li)、铌(Nb)、稀土元素(REE)等关键金属是支撑新能源、新材料、核工业、航空航天等领域的战略资源，对保障国民经济、国家安全和科技发展具有重要战略意义。作为全球最大的关键金属资源消费国之一，我国面临资源种类结构性短缺和进口依赖度高的双重挑战。在此背景下，保障关键金属矿产资源安全已上升为国家战略，亟待加强对新发现的不同成因及工业类型关键矿产的地质找矿和成矿机理研究，并加快构建绿色开发利用技术体系，以保障关键金属矿产资源安全，满足国家重大战略需求。

川南地区位于峨眉山大火成岩省的中带－外带，与二叠纪峨眉山玄武岩风化有关的上二叠统宣威组(P_3x)、龙潭组(P_3l)古风化壳黏土岩广泛分布，黏土岩分布层位稳定、厚度较大。在与之相邻的、同属于峨眉山大火成岩省的贵州、云南等地的相同层位中，已发现了 Li、REE、Nb、镓(Ga)等多种关键金属元素的富集，地质找矿及相关研究已取得了突破性进展。但与之同为上扬子地区、具有相似地质背景和成矿条件的川南地区，有关这种古风化壳黏土型关键金属矿床的寻找和研究却十分薄弱，甚至缺失。因此，在四川南部二叠系地层中开展古风化壳黏土型 Li、REE、Nb、Ga 等关键金属矿产资源的寻找，深入研究表生成矿作用中 Li 等关键金属元素超常富集的成矿机制与规律、元素的赋存状态等，对于发现新类型关键金属矿床、指导找矿突破、提高关键金属的资源保障程度、助力新兴产业的发展具有重要的意义。

在四川省自然科学基金(23NSFSC019)，四川省地质调查研究院重大专项(SCIGS-CZDXM-2023002)，四川省筠连－兴文稀有稀土金属矿调查评价等项目的支持下，四川省地质调查研究院综合地质调查研究所联合西南科技大学在川南宜宾兴文－泸州叙永等地，以上二叠统龙潭组(P_3l)下部黏土岩为研究对象，在对区域样品锂等关键金属含量分析的基础上，以钻孔岩心样品为重点，查明并分析研究关键金属的富集层位、含量特征及富集规律、富集机理。在此基础上，采用粉晶 X 射线衍射(XRD)、聚焦离子束飞行时间二次离子质谱(FIB-TOF-SIMS)、电子探针显微分析(EPMA)、扫描电镜-能量色散 X 射线谱(SEM-EDS)等测试方法，基本确定 Li、REE、Nb 等关键金属的赋存状态，初步建立川南地区黏土型锂等关键金属成矿模式和找矿模型，分析了资源潜力，指出了找矿方向，对于今后在该地区开展锂等关键金属的地质找矿及资源开发利用具有重要的指导作用。

研究工作得到了四川省科技厅、四川省自然资源厅、宜宾市自然资源和规划局、兴文县自然资源和规划局、筠连县自然资源和规划局的支持和指导，是在四川省地质调查研究院以及四川省综合地质调查研究所直接领导下完成的。感谢四川省地质调查研究院蒋俊院长，四川省地质调查研究院矿产勘查处、地质调查处、科技处以及宜宾市、兴文县、筠连县自然资源和规划局相关领导的关心与支持。在项目的实施过程中，付小方教授级高级工程师给予了帮助。样品的测试工作由四川省自然资源实验测试研究中心、中国地质科学院矿产资源研究所自然资源部成矿作用与资源评价重点实验室、西南科技大学分析测试中心、西南科技大学固体废物处理与资源化教育部重点实验室、长沙理工大学凯乐普电镜中心等单位完成，成都艾立本科技有限公司提供了激光诱导击穿光谱(LIBS)元素测试仪器，代渐雄博士给予了现场指导，在此一并表示衷心的感谢！

本书是项目组全体人员辛勤工作的集体成果。本书的编写分工如下：前言，郝雪峰；第一章，郝雪峰、梁斌；第二章，钟伟、唐屹、周万峰；第三章，郝雪峰、唐屹、钟伟、刘治成；第四章，梁斌、郝雪峰、周颂德、唐屹、潘蒙；第五章，何洋飘、郝雪峰、周万峰、吴晗；第六章，郝雪峰、梁斌、钟伟、刘治成；第七章，唐屹、潘蒙、周颂德、何洋飘、吴晗；结语，梁斌。本书由郝雪峰、梁斌统撰定稿。陈榜巧、张彤、彭宇、白宪洲等参加了本书研究的野外工作。

目　　录

第一章　绪　　论

关键金属是指现今社会发展所必需、安全供应存在高风险的稀有金属、稀土金属、稀散金属和部分其他金属，具有其他金属无法替代的重要经济特性，对保障国民经济、国家安全和科技发展具有重要战略意义（翟明国等，2019）。近年来，核工业、航空航天和新能源等战略性新兴产业的发展对关键金属资源有巨大的需求，供需矛盾日益突出，欧盟和美国等发达经济体已陆续制定了关键金属资源发展战略。我国是世界上最大的关键金属资源消费国之一，但紧缺种类多，对外依存度高。因此，保障关键金属矿产资源安全，也是我国的重大战略，亟须加强针对各类新发现的不同成因及工业类型关键金属矿产的成矿机制及绿色利用的研究（黄智龙和范宏鹏，2021）。

一、研究背景及意义

在众多种类关键金属中，我国虽然拥有较多的资源量，但由于受到资源禀赋、开采技术、环境保护、产业政策以及国际政治环境等多种因素的影响，许多关键金属或是对外依存度高，或是资源优势地位受到严重挑战。如：被称为“21 世纪新能源金属”和“白色石油”的稀有金属锂，虽然我国锂资源量约占世界总资源量的 16.5%，排名第二，但目前锂的市场份额由澳大利亚和智利主导，两国合计占全球锂产量的四分之三以上。我国由于受到环境和技术的双重约束，锂资源保障严重不足，对外依存度高达 76%（王秋舒，2016）。稀土是全球竞争最为激烈的关键矿产之一，是支撑战略性新兴产业关键材料的基础。我国是全球最大的稀土供应国，2000～2020 年累计生产稀土（稀土氧化物，rare earth oxide，REO）227 万 t，占全球生产总量的 83.3%，但同时也是最大的消费国。近期国际社会开始高度关注稀土供应，加大了对稀土资源勘查和开发的资金投入，这对我国稀土资源优势地位提出了严峻挑战（Nassar et al.，2016；Fishman et al.，2018；季根源等，2018；文博杰等，2019；代涛等，2022）。铌具有良好的超导性、熔点高、耐腐蚀、耐磨等特点，是现代高新科技产业发展的关键材料之一。我国铌资源不仅相对匮乏，而且少有可供经济开发利用的铌矿资源，但铌消费却占全球总消费量的四分之一以上，对外依存度超过 95%，是我国被“卡脖子”的关键矿产资源之一（何海洋等，2018；曹飞等，2019）。镓是一种低熔点、高沸点的稀散金属，有“电子工业脊梁”的美誉，其中半导体行业金属镓的消费量约占总消费量的 80%～85%，随着镓在太阳能电池行业应用的快速发展，未来金属镓需求还将快速增长(Frenzel et al.，2016)。

20 世纪 90 年代以前，世界范围内开采和利用最多的是伟晶岩型锂资源，20 世纪 80 年代后盐湖卤水型锂资源逐渐取代伟晶岩型锂资源，成为锂工业生产的主要原料。近年来，在世界各地又相继发现了与火山岩有关的黏土型锂矿床(Verley et al.，2012；Carew and Rossi，2016；Benson et al.，2017)以及与风化作用有关的古风化壳黏土岩型锂矿(温汉捷等，2020)，这一类黏土型锂资源往往具有矿床面积广、矿体厚度大、储量惊人的特点，资源量占全球的 7%。在我国云南、贵州等地石炭系、二叠系古风化壳黏土岩中发现了锂元素的富集，Li_2O 最高含量超过 1.1%，平均为 0.3%，其中还含有稀土元素(rare earth element，REE)、Nb、Ga 等多种关键金属，具有很大的找矿潜力(温汉捷等，2020；凌坤跃等，2021)。稀土以内生矿床为主，但最近在与四川南部邻接的云南、贵州峨眉山大火成岩省分布范围内，发现了以上二叠统峨眉山玄武岩为风化母岩，分布于玄武岩之上的宣威组(P_3x)下部黏土岩中的古风化壳沉积型稀土矿床，稀土以离子吸附、独立矿物等形式存在，具有稀土含量较高、产出层位稳定、厚度大的特点，有望成为风化-沉积型稀土矿床的重要产出层(Zhang et al.，2016；衮民汕等，2021；苏之良等，2021)。

锂等关键金属在地壳中丰度很低，其超常富集形成矿床需要极为苛刻的条件。因此，研究其成矿条件、成矿规律以及超常富集成矿机理，是指导地质找矿，实现找矿突破的关键条件之一。为保障国家能源资源战略安全，把国家能源资源安全牢牢地握在自己手上，寻找新类型关键金属矿床已成为我国重要的找矿方向和研究的重点之一。

二、研究现状及存在问题

黏土岩在沉积成岩过程中通常会富集一些关键金属元素，如 Li、REE、Ga、V、Sc、Ti、Nb 和 Ta 等，使得其逐渐成为这些关键金属的重要来源之一(黄智龙等，2014；王瑞江等，2015；温汉捷等，2020)。

按照通常的分类，锂矿床主要划分为伟晶岩型、盐湖卤水型和黏土型三大类(Kesler et al.，2012)。据美国地质调查局(United States Geological Survey，USGS)2016 年的统计，世界范围内已查明锂资源量大于 4099 万 t，储量约为 1400 万 t，其中伟晶岩型约占 29%，盐湖卤水型约为 64%，黏土型约为 7%(Benson et al.，2017)。20 世纪 90 年代以前，世界范围内开采和利用最多的是伟晶岩型锂资源，由于伟晶岩型锂矿床在规模和潜在储量上都较盐湖型锂矿床低，且提锂耗能大、生产成本高，20 世纪 90 年代后盐湖卤水型锂资源逐渐取代伟晶岩型锂资源，成为锂工业生产的主要原料，“锂三角”(玻利维亚、阿根廷、智利)地区的盐湖卤水型锂提供了全球60%锂资源。尽管我国锂矿资源较丰富，但大部分锂矿分布在青藏高原，开发条件差，且多数盐湖卤水型锂矿镁锂比高，提锂技术尚未完全成熟，资源开发利用受环境和技术双重约束，因此，我国的锂资源保障严重不足，对外依存度高达76%，寻找新的锂资源，特别是新类型锂资源已成为当务之急。

近年来，在美国、墨西哥、塞尔维亚、埃及等地相继发现了与火山岩有关的黏土型锂矿床（Verley et al.，2012；Carew and Rossi，2016；Benson et al.，2017），这一类黏土型锂资源往往具有矿床面积广、矿体厚度大、储量惊人的特点（Kesler et al.，2012）。与国外黏土型锂矿不同的是，我国很多地区碳酸盐岩不整合面之上的铝土质（矿）黏土岩、含煤黏土岩之中也都曾发现有锂超常富集的现象，有的甚至达到独立矿床的边界品位。但因锂的赋存状态和富集规律研究不足、提取工艺不成熟、锂资源评价体系不健全等问题，这些现象未能引起足够重视（Sun et al.，2016）。例如，贵州早在1972年就发现二叠系梁山组黏土岩含锂，其中Li_2O含量为0.12%～0.74%（《中国矿床发现史·贵州卷》编委会，1996）。陈平和柴东浩（1997）在对若干山西铝土矿的矿石、铝土/黏土岩样品分析后发现，锂在黏土岩中强烈富集，部分含碳质铝土岩中Li_2O含量可达1.9%。近年来，在贵州、云南等地平行不整合于石炭纪、二叠纪灰岩之上的黏土岩中，已发现了Li、REE、Ga等多种关键金属元素的富集（王登红等，2013；温汉捷等，2020；凌坤跃等，2021；范宏鹏等，2021）。贵州大竹园铝土矿中的81件样品Li含量大于260×10^{-6}（相当于Li_2O＞0.056%，边界品位为0.05%）者有61个，Li_2O含量最高达0.582%（王登红等，2013）；云南滇中盆地内的下二叠统倒石头组（P_1d）富锂黏土岩系中Li_2O平均含量为0.3%左右，最高达1.1%（温汉捷等，2020）；广西平果上二叠统合山组（P_3h）底部铝土矿层Nb_2O_5含量为0.02%～0.04%（平均为0.035%），上覆黏土岩层中Li_2O含量为0.06%～1.05%（平均为0.44%），均超过独立铌矿和锂矿的边界品位（凌坤跃等，2021）。温汉捷等（2020）在对云南、贵州含铝土矿黏土岩研究的基础上，提出了区别于国外发现的黏土型锂矿床的“碳酸盐黏土型锂矿床”的成矿类型，其主要地质地球化学特征可归纳为：①成矿物质来自基底的不纯碳酸盐岩，碳酸盐岩风化-沉积作用是富锂黏土岩形成的主要机制；②锂主要以吸附方式存在于蒙脱石相中；③沉积环境对锂的富集具有重要的控制作用，还原、低能、滞留、局限的古地理环境有利于Li富集；④除Li外，还可能有Ga和REE的富集。

稀土是国际上公认的关键金属，其战略地位不断提升（Hower et al.，2016；赵芝等，2019；文博杰等，2019）。当前，新能源汽车、风力发电、人工智能等相关产业快速发展，以及新材料技术革命和应用领域不断拓展，带动了全球稀土资源需求量的增长（Nassar et al.，2016；Fishman et al.，2018），近年稀土资源缺口都在10%以上（王路等，2022）。研究人员预测了未来多情景下全球稀土需求情况，发现汽车、风电等对稀土的需求将有明显变化（Alonso et al.，2012；Li et al.，2019；Li et al.，2020）：汽车电动化将使镝、钕等的需求迅速增长（Elshkaki 2020；王晨阳等，2022)，预计 2035 年将分别增长 7 倍和 26 倍(Alonso et al.，2012)；风电、光伏等清洁电力对钕、镨、镝等元素的需求量将比化石燃料发电增加 15%～43%(Nassar et al.，2016)，而节能灯及平板显示器等增长趋缓，未来对铕的需求将呈下降的态势(Wang et al.，2020)。以上研究均表明，未来全球稀土需求将维持增长的趋势，但各元素将呈现分异态势。稀土供应端各元素同步增长，需求端消费增长各不相同，致使我国稀土各元素的生产和需求不匹配，具有较大差异性。2020 年，镧、铈、钐、铕、钇过剩，其中镧、铈产量是消费量的 1.5 倍左右，铕产量是消费量的 10 倍！而镨、钕、镝等国内产量不能满足需求，其中重稀土元素(heavy rare earth element，HREE)镝供需缺口近 80%，轻稀土元素(light rare earth element，LREE)镨、钕供需缺口在 40%以上。我国供应不足的重稀土元素主要来自缅甸等东南亚国家，2020 年从缅甸进口离子吸附型矿已超过国内离子型矿产量，成为主要的补充源。预计到 2040 年，除铕和钇过剩、镧和铈供需几乎平衡外，其他元素将全面出现供应不足的情形，特别是镨、钕、镝等缺口均在 80%以上(代涛等，2022)。我国稀土资源主要来源于两类矿床(周美夫等，2020)：碱性岩-碳酸岩型矿床和风化壳型矿床。碱性岩-碳酸岩型矿床富集轻稀土，以内蒙古白云鄂博和四川牦牛坪矿床为代表；风化壳型稀土矿床是重稀土的主要来源，目前全球利用的重稀土 90%以上来自该类矿床(Roskill，2011)。风化壳型稀土矿床也被称为离子吸附型稀土矿床(Yang et al.，2013；Sanematsu and Watanabe，2016；Li et al.，2020；周美夫等，2020)，是多种岩石，如碱性基性-超基性岩、富稀土碱性花岗岩、正长岩、流纹岩、变质岩等在风化过程中形成的稀土富集成矿。与风化作用有关的离子吸附型矿床具有分布连续、储量较大且富含重稀土等特点，虽然稀土氧化物总量较低(0.05%～0.2%)，但稀土可以通过低成本的原地硫酸铵注液离子交换作用进行提取，仍具有重要的经济价值(池汝安和田君，2007；Moldoveanu and Papangelakis，2016)，因而受到了人们广泛的关注和研究。最近十年以来，在中国西南滇、黔地区峨眉山大火成岩省分布范围内，相继发现了以峨眉山玄武岩为风化母岩的古风化壳沉积型稀土矿床或矿化层，引起了人们的广泛关注(Zhang et al.，2016；Zhao et al.，2017；刘殿蕊，2020；衮民汕等，2021；苏之良等，2021)。例如，贵州西部水城—纳雍地区上二叠统龙潭组(P_3l)底部古风化壳黏土岩中具有明显的钪、铌、稀土矿化，矿化富集层中 Sc_2O_3 含量为 40×10^{-6}～133×10^{-6}，平均为 73×10^{-6}，Nb_2O_5 含量为 30×10^{-6}～392×10^{-6}，平均为 229×10^{-6}，REO 含量为 0.052%～0.214%，平均为 0.093%(衮民汕等，2021)。在黔西北峨眉山玄武岩顶部与上覆宣威组(P_3x)不整合接触界面附近 Fe-Al 岩系中 Sc、Nb 和 REE 等关键金属富集特征显著，REO 含量平均为 920×10^{-6}(n=204)，LREE/HREE 为 1.73～22.12，属于轻稀土富集型(苏之良等，2021)。贵州威宁地区宣威组底部稀土含矿岩系广泛分布，连续性好，含矿段厚度为 2～16 m，REO 平均品位为 0.15%，最高可达 1.60%，并伴生有铌、锆、镓等元素(田恩源等，2021)。该地区的古风化壳沉积型稀土矿床含矿层为上二叠统峨眉山玄武岩组(P_3e)之上的宣威组(P_3x)底部的铁-铝土质黏土岩及高岭石黏土岩，除富集稀土元素外，Li、Nb 等关键金属也有富集(刘殿蕊，2020；衮民汕等，2021)。稀土以离子吸附、独立矿物等形式存在，具有稀土含量较高、产出层位稳定、厚度大的特点，具有很好的找矿前景(Zhang et al.，2016；衮民汕等，2021；苏之良等，2021)。

铌具有超导性好、熔点高、耐腐蚀、耐磨等特点，被广泛应用于超导材料、航空航天等新兴领域，是现代高科技产业不可或缺的原料(陈骏，2019；翟明国等，2019)。全球铌矿资源丰富，已探明铌储量超过 430 万 t(USGS，2018)，但分布极度不均，仅巴西就占据了约 95%。我国铌资源匮乏，但消费量却超过了全球总消费量的四分之一，80%以上的铌依赖进口(何海洋等，2018；曹飞等，2019)。此外，我国铌矿品位低、粒度细、可选性差(何季麟，2003；代世峰等，2014)，多不具备直接开采利用价值(何海洋等，2018)，面临铌资源紧缺、优质铌矿匮乏的局面。我国铌矿床类型多样，已发现的铌矿床多为花岗岩型、伟晶岩型(李健康等，2019)，外生风化-沉积型相对较少。近年研究发现，在云南宣威—贵州威宁地区的峨眉山玄武岩组顶部和宣威组底部不整合面上的古风化壳中普遍富含铌、稀土、镓等金属，兼具稀有-稀土-稀散金属共存的特点(苏之良等，2021)，且分布面积广、延伸稳定、厚度较大，Nb_2O_5 平均含量约为 220×10^{-6}，已超过风化壳型铌(钽)矿床的工业品位，有的甚至富集超过 1000×10^{-6} (杜胜江等，2023)。

镓虽然是地壳丰度最高的稀散金属(15×10^{-6})，但独立矿物最少，绝大多数以伴生金属的形式存在(温汉捷等，2020)。全世界镓资源远景储量超过 100 万 t，绝大部分伴生在铝土矿床中，部分与铅锌矿床伴生(温汉捷等，2020)。我国镓资源相对丰富，占全球镓总储量 23 万 t 的 80%左右，居世界之首(敦妍冉等，2019)，主要分布在内蒙古准格尔超大型煤矿(代世峰等，2006)，四川攀枝花钒钛磁铁矿(罗泰义等，2007)，广西、豫西和贵州的铝土矿床中。世界上富镓矿床大致分为风化-沉积型矿床、热液型矿床、伟晶岩型矿床和岩浆型矿床。按照伴生的矿床不同，我国具有工业意义的富镓矿床主要包括铝土矿型伴生镓矿床、铅锌矿型伴生镓矿床、煤型伴生镓矿床 3 种类型(温汉捷等，2020)。铝土矿是镓资源最主要的来源，镓含量一般为 50×10^{-6}～250×10^{-6}，比镓克拉克值高 3～16 倍(涂光炽等，2004)。我国的铝土矿以沉积型铝土矿为主，矿床中的镓绝大多数都达到了工业品位，成矿时代集中在石炭纪和二叠纪，广泛分布在山西、贵州、广西等地。豫西铝土矿中的镓含量为 50×10^{-6}～250×10^{-6}，含镓矿物主要为一水硬铝石，其次为高岭石和含铁-钛矿物(汤艳杰等，2002)，贵州铝土矿的镓品位一般为 122×10^{-6}～127×10^{-6}，含矿岩系为一套以含铝土为主，兼含铁矿、硫铁矿耐火黏土和煤的组合(刘平，2001)。不同学者对于铝土矿中的镓来源存在不同的认识，或认为来自铝硅酸盐岩石(卢静文等，1997；Hieronymus，2001)，或认为来自基底碳酸盐岩(吴国炎，1997)。煤中的镓含量一般为 10×10^{-6}～30×10^{-6}，内蒙古准格尔煤田中的镓

含量高达 30×10^{-6}～70×10^{-6}（煤中镓工业品位为 30×10^{-6}），成为超大型镓矿床（代世峰等，2006），一水软铝石为主要载镓矿物，在部分变质程度较高的煤中（如内蒙古大青山煤田），镓的载体为硬水铝石和高岭石。

黏土矿物是富锂等关键金属岩石中的主要组成矿物之一，不同含矿层所含矿物种类存在一定差异。X 射线衍射（X-ray diffraction，XRD）分析表明，云南玉溪地区下二叠统倒石头组（P_1d）含铝土质硬质黏土岩锂矿，主要含有高岭石、蒙脱石等黏土矿物，还可以观察到铝的独立矿物一水软铝石（朱丽等，2021）。贵州下石炭统九架炉组（C_1jj）和云南中部下二叠统倒石头组（P_1d）中碳酸盐黏土型锂矿中的黏土岩/铝土质黏土岩的主要矿物有一水硬铝石、一水软铝石、蒙脱石、伊利石、高岭石、锐钛矿、金红石、锆石、黄铁矿等（温汉捷等，2020）。广西上二叠统合山组（P_3h）样品的扫描电镜-能量色散 X 射线谱（scanning electron microscopy-X-ray energy dispersive spectrometer，SEM-EDS）与 XRD 分析结果显示，底部铝土矿主要矿物为一水硬铝石、锐钛矿和伊利石，部分含少量高岭石、针铁矿、黄铁矿、硬绿泥石、蒙脱石和锆石，黏土岩的主要矿物为叶蜡石、锂绿泥石、伊利石、高岭石和一水硬铝石，部分含有少量地开石、针铁矿和黄铁矿（凌坤跃等，2021）。宣威—威宁地区龙潭组富铌的黏土岩，矿物组分主要有高岭石、锐钛矿，还含少量伊利石、一水软铝石、石英、赤铁矿磁铁矿等（杜胜江等，2023）。

元素的赋存状态既是研究矿床成因的重要参考，又是确定矿床类型的重要依据，同时还是决定开采利用工艺的关键因素。温汉捷等（2020）采用 LIBS（laser-induced breakdown spectroscopy，激光诱导击穿光谱）、FIB-TOF-SIMS（focused ion beam-time of flight-secondary ion mass spectrometry，聚焦离子束飞行时间二次离子质谱）等方法对碳酸盐黏土型矿床中锂的赋存状态进行了研究，认为锂主要以吸附形式赋存于黏土岩的蒙脱石相中，部分进入蒙脱石矿物结构。凌坤跃等（2021）采用 XRD 和 SEM-EDS，发现锂绿泥石为锂的主要载体矿物。范宏鹏等（2021）指出 Li 在含铝岩系中可能的赋存形式有：①以离子吸附的形式赋存于黏土矿物和铁锰氧化物表面，其中蒙脱石是最有可能的载体矿物；②以类质同象的形式替代镁铁硅酸岩矿物、黏土矿物及铁锰矿物晶格中与 Li^+的离子半径相近的 Mg^{2+}和 Fe^{2+}。崔燚等（2022）认为富 Li 矿物为蒙皂石或锂绿泥石，锂绿泥石可能是由含 Mg 的蒙皂石转化而来。黔北等地黏土岩中的稀土主要呈类质同象形式赋存于黏土矿物（如高岭石和绿泥石等）中，部分稀土元素呈分散状态被铝矿物（如一水硬铝石、一水软铝石、三水铝石等）以及黏土矿物吸附（徐莺等，2018；黄苑龄等，2021）。最近，龚大兴等（2023）对川滇黔相邻区上二叠统宣威组底部黏土岩中稀土元素赋存状态的研究表明，大部分稀土以纳米矿物颗粒的形态被“束缚”在黏土矿物层状结构中，少量为独立矿物态、类质同象态和离子吸附态，全元素稀土浸出率达到 90%以上，综合回收率达 80%以上。

杜胜江等（2023）运用粉晶 X 射线衍射（XRD）、电子探针显微分析（electron

probe micro analysis，EPMA）等手段对宣威—威宁地区宣威组铌矿化黏土岩和底部玄武岩中的铌赋存状态进行了研究，结果显示铌矿床中主要的载铌矿物为锐钛矿。广西平果上二叠统合山组铝土矿中含丰富的锐钛矿，电子探针显微分析表明锐钛矿中 Nb_2O_5 含量为 0.28%～0.73（平均 0.45%），结合锐钛矿总量计算，获得全岩 Nb_2O_5 为 0.012%～0.032%（平均 0.02%），接近但低于全岩电感耦合等离子体质谱法（inductively coupled plasma mass spectrometry，ICP-MS）分析结果（0.036%），表明铝土矿中 Nb 主要赋存于锐钛矿中，其余少部分可能赋存于金红石中或被黏土矿物吸附（赵浩男等，2022）。

黏土型关键金属富集成矿与风化-沉积作用密切相关，受物源区特征、风化强度、搬运过程以及沉积成岩环境等因素制约（温汉捷等，2020；衮民汕等，2021）。关于黏土岩中关键金属的来源，温汉捷等（2020）认为贵州、云南等地碳酸盐黏土型锂等关键金属来源于下伏碳酸盐岩的风化，并且在风化沉积过程中都得到了富集。凌坤跃等（2021）认为，广西合山组富锂黏土岩中 Li 可能来源于成岩过程中孔隙水或地下水对地层和沉积物的萃取，或滨海浅层地下卤水的直接补给，而 Nb 的物源主要来自峨眉山大火成岩省（Emeishan large igneous province，ELIP）相关的碱性长英质岩类。滇西、黔北宣威组底部的铁-铝土质黏土岩及高岭石黏土岩中的 REE、Nb 等关键金属来源于峨眉山玄武岩的风化产物（Zhang et al.，2016；Zhao et al.，2017；衮民汕等，2021；苏之良等，2021；杜胜江等，2023）。杜胜江等（2023）对滇东地区宣威组铌矿床和底部的玄武岩的研究表明，铌矿床中主要的载铌矿物为锐钛矿，且与富碱的高钛峨眉山玄武岩中的富 Nb 榍石有继承的成因联系，榍石具有提供成矿物质铌的良好基础。对碳酸盐黏土型锂矿的研究表明，反映岩石化学风化程度的化学蚀变指数（chemical index of alteration，CIA）与 Li 含量呈明显正相关性（崔燚等，2022），一定范围内 Li 与 Al 含量也呈正相关关系（Wang et al.，2013；温汉捷等，2020），表明了化学风化强度对 Li 富集的重要性。相对封闭还原的环境有利于锂元素的富集，温汉捷等（2020）对贵州下石炭统九架炉组（C_1jj）和云南中部下二叠统倒石头组（P_1d）的研究表明，高 Li 样品的 Sr/Ba 一般小于 0.5，MgO/Al_2O_3 小于 1，Rb/K 小于 0.003，Ni/Co 大于 5，推断在古陆与古洋交会的过渡环境里，贫氧、低能的滨海沼泽、潟湖和古陆间局限、封闭的古海湾（盆）可能是 Li 富集形成高品位矿床的理想场所。

目前，对于西南地区黏土岩中关键金属的富集特征及富集机理等问题已引起了人们的广泛关注，并取得了重要的进展，但在广度和深度方面还有待进一步深入研究。一方面，以前的研究主要集中于云南、贵州等地石炭系以及上二叠统宣威组/龙潭组黏土岩，而对于具有相同地质背景、地层分布的川南地区，这种古风化壳黏土岩型关键金属矿床的研究却十分薄弱，甚至缺失；另一方面，黏土岩中关键金属富集特征及分布规律、富集机理、赋存状态以及关键金属综合利用等关键科学问题有待深入研究（黄智龙和范宏鹏，2021）。除了上述科学问题以外，在黏土型锂等关键金属矿床勘查开发方面还存在诸多问题(王辉等，2023)：①对黏土型锂等关键金属矿床资源潜力认识不充分，未给予足够重视；②缺乏指导勘查工作的规范性依据；③矿产资源管理与矿业权管理中的不利因素导致勘查力度不足；④勘查研究过程对于矿石选冶加工技术性能重视程度不够，工艺流程尚不成熟；⑤可供勘查评价与找矿预测的超常富集成因机制与找矿模型的基础研究尚不深入。上述这些问题需要在今后的科学研究和地质勘查中予以重视和解决。

三、本书的研究目标和内容

本次研究以川南地区(宜宾兴文—泸州叙永)一带广泛分布于峨眉山大火成岩省中—外带的上二叠统龙潭组(P_3l)古风化壳黏土岩为研究对象，在对成矿地质背景及区域地球化学异常分析研究的基础上，通过地层学、矿物学、沉积学、元素及同位素地球化学的综合研究，以期达到以下目标。

(1)分析黏土岩中 Li 以及 REE、Nb、Ga 等关键金属元素的含量特征，确定川南地区黏土岩关键金属的新类型。

(2)查明富集 Li 等关键金属黏土岩的矿物组成、赋存状态、成矿物质来源、沉积环境以及形成过程。

(3)揭示表生成矿作用中 Li 等关键金属元素超常富集成矿机制和成矿规律，建立成矿模式和找矿模型，为新类型关键金属资源评价与找矿预测提供指导。

(4)分析 Li 等关键金属的资源潜力，指出找矿方向、圈定找矿靶区。

围绕以上研究目标，主要进行以下方面的研究。

(1)含矿岩系中 Li 等元素的含量及分布特征。对研究区内上二叠统龙潭组(P_3l)下部黏土岩以及代表性含矿岩系剖面进行详细的地质观察，划分岩性层，系统采集各类样品，分析测试 Li、REE、Ga、Nb 等元素的含量，确定锂等关键金属富集的层位及岩性，综合分析 Li 等元素在不同岩性中的含量变化。

(2)黏土岩的矿物组成及含量。采用粉晶 X 射线衍射(XRD)分析，辅以扫描电镜-能量色散 X 射线谱(SEM-EDS)，确定组成黏土岩的黏土矿物以及其他矿物的类型及含量，为分析含矿岩系的矿物组成、Li 等元素的赋存状态提供依据。

(3)Li 等元素赋存状态。采用以下方法分析 Li 等元素的赋存状态：粉晶 X 射线衍射(XRD)，对代表性样品进行 XRD 分析，确定是否存在 Li 等元素的独立矿物；扫描电镜-能量色散 X 射线谱(SEM-EDS)，在对矿物形貌观察的基础上，分析其元素组成及含量，以确定关键金属(主要针对稀土及铌)的赋存状态；电子探针显微分析(EPMA)，对矿物的元素组成及含量进行分析，确定元素的赋存状态；聚焦离子束飞行时间二次离子质谱(FIB-TOF-SIMS)，分析 Li、Al、Si、K、Na、Mg 等元素的分布特征，依据 Li 与相关元素的分布情况来确定其赋存状态。

(4)沉积环境分析。在代表性剖面上，对含矿地层进行详细的岩相划分，观察描述其岩石矿物组成、沉积构造特征等。在此基础上，采集样品分析 Sr、Ba、V、Cr、U、Th、Ga 等元素，以确定含矿地层的沉积环境及其变化，并与岩层中 Li 等元素含量进行对比，综合分析关键金属富集层形成的沉积环境。

(5)成矿物质来源。根据样品 Nb、Ta、Zr、Hf、Ti、Al 等不活动元素以及稀土元素的特征及相关比值，结合区域地质构造演化，分析龙潭组黏土岩及成矿物质的来源。

(6)黄铁矿地球化学特征及对关键金属富集的指示。含黄铁矿高岭石黏土岩是本区主要的 Li 等关键金属富集岩(矿)石，其中发育有不同期次、形态各异、多种组构的黄铁矿。本次研究对黄铁矿的期次、化学组成及硫同位素特征进行分析，以确定不同期次黄铁矿与关键金属富集的关系。

(7)Li 元素野外快速分析测试试验研究。黏土岩中 Li 等关键金属元素含量低、矿化标志不明显，找矿难度大。在野外现场采用手持式激光诱导击穿光谱仪(LIBS)分析样品中 Li 元素的含量，并与实验室化学分析结果进行对比，确定该方法的有效性，提高找矿效率。

(8)Li 等关键金属富集过程及成矿模式。依据黏土岩中 Li 等关键金属元素含量特征、赋存形式、成矿物质来源以及富集成矿的控制因素等，综合分析在表生环境下 Li 等关键金属元素的迁移、富集过程，探讨元素超常富集的机理及成矿规律，建立成矿模式。

(9)找矿模型及资源潜力评价。在地质调查、成矿规律研究的基础上，总结地层岩性、矿石类型、沉积环境和地球化学异常等找矿标志，建立综合找矿模型。依据找矿模型，结合对成矿地质背景的分析，讨论研究区 Li 等关键金属的资源潜力，圈定找矿靶区。

四、本书研究进展

本书在分析总结前人区域地质资料及本次调查所获丰富地质资料的基础上，应用多种先进的测试手段，首次对川南兴文一叙永地区上二叠统龙潭组(P_3l)下部高岭石黏土岩中 Li 等关键金属元素的含量、分布特征、赋存状态以及富集规律等进行了研究，初步建立了川南地区黏土型 Li 等关键金属成矿模式和找矿模型，分析了资源潜力，指出了找矿方向。本次针对川南地区黏土型锂等关键金属成矿地质特征的研究，对于今后在该地区开展相关矿床的地质找矿及矿产资源开发利用具有重要的引领作用。本书研究主要取得以下进展。

1. 川南兴文—叙永地区上二叠统龙潭组(P_3l)黏土岩是 Li 等关键金属的富集层

川南兴文—叙永地区上二叠统龙潭组(P_3l)下部高岭石黏土岩中富集 Li、REE、

Nb、Ga 等关键金属元素，是一个多种关键金属的富集层。

83 件样品中，有 27 件样品的 Li 含量为 235×10^{-6}～2053×10^{-6}(平均为 469×10^{-6})，达到了铝土矿中锂综合利用的指标(Li_2O 含量≥0.05%，Li 含量≥232×10^{-6})；Ga 含量为 26.5×10^{-6}～78.9×10^{-6}(平均为 53.7×10^{-6})，除 3 件样品外，其余均高于现行的镓矿资源工业指标要求(30×10^{-6})；Nb_2O_5 含量为 41×10^{-6}～533×10^{-6}(平均为 198×10^{-6})，除 1 件样品外其余均达到风化壳型矿床一般工业指标(80×10^{-6})；稀土氧化物总量为 0.028%～0.409%(平均为 0.083%)，有 65 件样品达到了一般工业指标(0.05%)，30 件样品在 0.08%(最低工业品位)以上。除富集上述关键金属元素外，在一些岩性层中还显著富集 Co、Zr(Hf)等关键金属元素。

2. 查明了 Li 等关键金属富集层的地质特征及矿物组成

Li 等关键金属富集于上二叠统龙潭组(P_3l)下部高岭土黏土岩之中，厚 5～20 m，其底板为中二叠统茅口组(P_2m)灰岩，顶板为碳质黏土岩夹薄煤层(煤线)，以浅灰色含黄铁矿高岭土黏土岩为主。除肉眼可见的黄铁矿、白铁矿外，黏土岩矿物组合相对较为简单，以高岭石为主(80%～90%)，其次为蒙脱石(10%～15%)、绿泥石(5%～10%)、地开石(3%～5%)、伊利石(1%～3%))等，还含有少量锐钛矿、浊沸石等副矿物。

3. Li 等关键金属的富集与化学风化作用关系密切

强烈的化学风化导致 Li、Nb、Ga 等成矿元素从母岩中释放，并与风化形成的黏土矿物搬运沉积，在沉积成岩过程中富集成矿，表现为风化-沉积型矿床的特征。

4. 滨岸潟湖半咸水还原环境有利于锂等关键金属的富集

根据岩性、沉积构造特征，结合 Ni/Co、δU、Ni 等指示沉积环境的地球化学指标，富 Li 等关键金属的高岭石黏土岩沉积成岩环境为滨岸潟湖相对封闭的半咸水还原环境。

5. 基本确定了 Li、REE、Nb 等关键金属的赋存状态，为黏土岩中关键金属的利用提供了依据

采用粉晶 X 射线衍射(XRD)、聚焦离子束飞行时间二次离子质谱(FIB-TOF-SIMS)、电子探针显微分析(EPMA)、扫描电镜-能量色散 X 射线谱(SEM-EDS)等测试方法，基本确定了 Li、REE、Nb 等关键金属元素的赋存状态。

Li 的赋存状态：除少量赋存于锂云母、锂绿泥石之中外，主要被吸附于黏土岩的蒙脱石相中，部分进入蒙脱石矿物结构，还有一部分赋存于伊利石中。

REE 赋存状态：一种是以微米级褐帘石、独居石等独立矿物颗粒的形式出现；

另一种是以风化物充填在其他矿物颗粒之间或裂隙之间的形式出现，可能是吸附于风化作用形成的锰氧化物之中，成分上与氟碳铈矿类似。稀土元素赋存状态表明，川南黏土岩中的稀土不同于南方的离子吸附型稀土。

Nb 的赋存状态：主要以类质同象的形式赋存于锐钛矿中，还有一部分以离子的形式被黏土矿物吸附。

6. 黏土岩及成矿物质主要来源于峨眉山大火成岩省的玄武岩

依据 Al_2O_3、TiO_2 以及 Nb、Ta、Zr、Hf、REE 等元素地球化学特征，结合区域地质构造演化、地层接触关系等，本区龙潭组下部黏土岩及成矿物质主要来源于晚二叠世峨眉山大火成岩省的玄武岩，中酸性火成岩也有少量的贡献。

7. 兴文、叙永地区稀土具有较高的工业价值，是值得重视的新的稀土资源

兴文、叙永地区达到最低工业品位的样品中供需紧张的稀土元素（Pr、Nd、Dy）占稀土总量的 24%左右，供需基本满足需求的稀土元素（La、Ce、Sm、Tb）占稀土总量的 60%左右，过剩的稀土元素（Eu、Y）的含量较低。

8. 对川南地区黄铁矿微量元素及同位素地球化学特征进行研究，分析了黄铁矿的成因及与关键金属富集的关系

龙潭组下部黏土岩中黄铁矿可分为三个期次：沉积期（PyI）以及热液一期（PyII-1）、热液二期（PyII-2）。微量元素以 Co、Ni、Cu、Zn、Ag 等亲铜、亲铁元素以及 As、Sb 等低温矿床常见元素为主，Co 和 As 含量低。沉积期黄铁矿 $\delta^{34}S$，显示典型的沉积硫特点；热液期 $\delta^{34}S$，整体上呈现地幔硫的特征，可能混入部分海水硫。在相对封闭的环境中，硫酸盐还原菌与铁的氧化物及含铁凝胶作用生成 PyI 黄铁矿，相对还原的环境有利于 Li、Nb 等元素富集成矿。沉积成岩以及后生作用阶段，来自深部的含硫的中低温热液，与地层中剩余的 Fe 反应生成黄铁矿，在热液的作用下使 Li、Nb 等关键金属元素进一步富集成矿。

9. 分析了 Li 等关键金属富集成矿过程，建立了成矿模式，揭示了其超常富集成矿的机制

成矿物质与二叠纪峨眉山大火成岩省的火成岩风化物具有密切的关系，富 Li 等关键金属黏土岩的形成包括母岩的风化、物质搬运、沉积成岩以及后生等多个阶段的物质演化过程，是一种风化-沉积型矿床。

风化-搬运-沉积成岩阶段，火成岩强烈风化，Li、Nb、Ga、REE 等成矿物质随高岭石等黏土矿物，搬运至滨岸潟湖、沼泽等低洼地带，富集成矿；后生阶段，受含硫热液、上部静压力等地质作用的影响，在流体循环流动及重新分配过程中，高岭石黏土岩中的 Li、REE、Ga、Nb 等元素产生活化迁移，进一步分配富集。

10. 建立了川南地区 Li 等关键金属的找矿模型，进行了找矿方法试验

以矿床成矿模式为基础，在成矿规律研究基础上，总结地层岩性、矿石类型、沉积环境和地球化学异常等找矿标志，建立了综合找矿模型，为地质找矿工作提供路径。

采用手持式激光诱导击穿光谱仪（LIBS）在野外现场对样品 Li 含量进行分析，该方法能够指导样品采集以及剖面、钻探工作布置，提高找矿效率。

11. 川南地区龙潭组下部黏土岩 Li 等关键金属资源潜力巨大，有望成为风化-沉积型锂等关键金属矿床的重要产出层，具有巨大的勘查、评价及综合研究价值

龙潭组下部黏土岩层位稳定，分布范围广，厚度较大，除了富集 Li 元素外，也是 REE、Nb、Ga 等多种关键金属的富集层，初步显现了较好的资源前景。

12. 圈定了 2 个找矿靶区，指出了找矿方向

根据区域地表地质调查以及少量钻探工程，在兴文、叙永工作区内圈定了 2 个找矿靶区。靶区内样品中 Li、REE、Nb 等关键金属元素含量较高，含矿地层分布稳定，厚度较大，显示了较好的找矿前景。

第二章　区域地质及矿产概况

川南地区在地层分区上属于扬子地层区，大地构造上属扬子克拉通的上扬子陆块。

第一节　地　　层

宜宾筠连、兴文—泸州叙永地区地层分区上属于扬子地层区，除缺失泥盆系、石炭系、古近系、新近系外，从寒武系到第四系均有不同程度的发育和出露(图 2-1，表 2-1)。

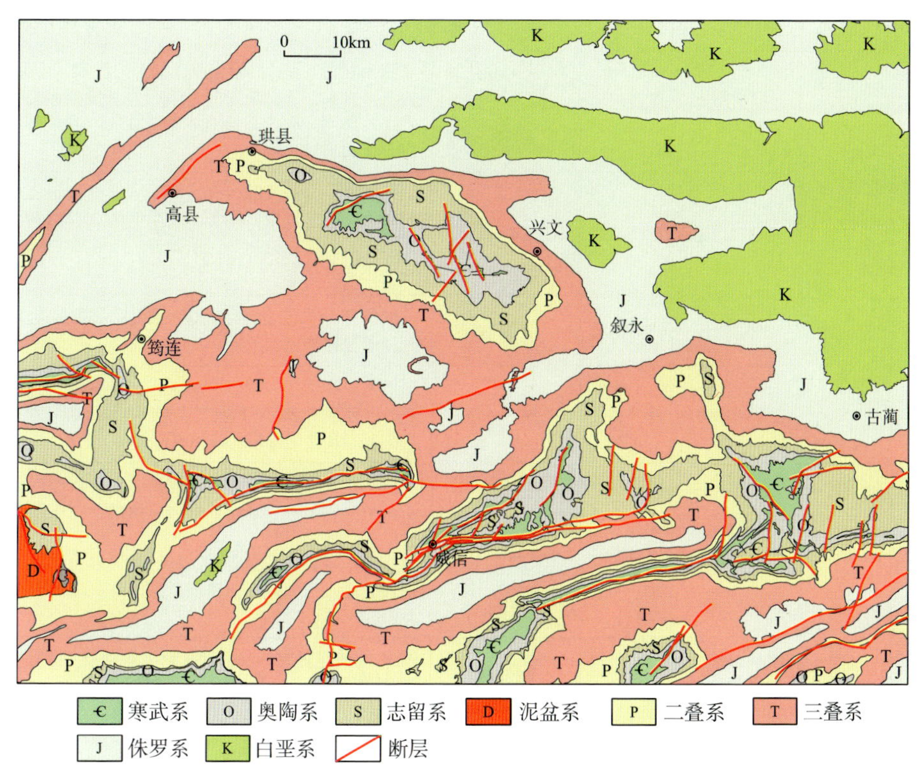

图 2-1　川南地区区域地质图(据 1∶20 万叙永幅、筠连幅修改)

表 2-1 川南筠连—兴文—叙永地区区域地层简表

界	系	群、组	代号	厚度/m	岩性简述
中生界	白垩系	夹关组	$K_{1-2}j$	556～1405	下段为紫红、砖红色厚层-块状细粒长石石英砂岩夹多层泥岩；上段为砖红色厚层-块状细粒长石石英砂岩，夹同色薄层或透镜状泥岩
	侏罗系	蓬莱镇组	J_3p	283～943	紫红、灰紫色厚层-块状细粒长石石英砂岩、薄-中层状粉砂岩、泥岩的不等厚互层
		遂宁组	J_3sn	216～437	棕红、鲜红色泥岩与砂质泥岩互层夹石英粉砂岩
		沙溪庙组	J_2s	833～1341	下段为紫红色泥岩、砂质泥岩夹灰、灰紫、灰绿色细粒长石石英砂岩；上段为暗紫红色泥岩、砂质泥岩与灰白、灰紫色块状细粒长石石英砂岩不等厚互层
		自流井组	$J_{1-2}z$	357～410	鲜红、杂色泥岩、砂质泥岩夹粉砂岩、石英砂岩、泥灰岩、介壳灰岩
	三叠系	须家河组	T_3xj	296.6～511.6	下部为灰、黑灰色含碳泥岩、碳质页岩夹褐灰、灰白色中厚层含岩屑中细粒石英砂岩；上部为黄灰、白、灰绿、褐灰色厚块状细-中粒长石石英砂岩夹黄绿、黑色碳质页岩，粉砂岩及薄煤层
		雷口坡组	T_2l	47～296.2	下部为灰、肉红色厚层灰质白云岩，盐溶角砾岩，底部为厚约 0.5 m 的翠绿色“绿豆岩”层；中部为灰、深灰、杂色薄-中厚层灰质白云岩夹泥质灰岩；上部为深灰色薄-厚层灰岩夹黄灰、灰黑薄层泥灰岩及页岩
		嘉陵江组	T_1j	305.4～474	下部为灰、深灰色薄-中厚层灰岩夹生物碎屑及鲕状灰岩；上部为灰、浅灰、肉红色薄-厚层盐溶角砾灰岩、灰质白云岩、泥质灰岩、条纹状灰岩和少许生物碎屑灰岩
		铜街子组	T_1t	19～138	灰绿色薄-中层状含钙砂质泥岩及粉砂质页岩夹深灰、杂色泥质灰岩
		飞仙关组	T_1f	299～453	下部为浅灰绿色中-厚层状鲕粒灰岩及泥灰岩夹泥质粉砂岩及泥岩，上部为灰紫色钙质页岩及泥质粉砂岩夹灰绿色砂质条带及薄层灰岩
古生界	二叠系	宣威组/龙潭组	P_3x/P_3l	160/80～180	宣威组：灰、黄绿、紫红色泥岩、铝土岩或铝土质页岩夹泥质砂岩、含铁砂岩、煤线，中下部含赤铁矿、菱铁矿层 龙潭组：灰、黄灰色泥岩、粉砂岩及砂岩组成不等厚互层，夹有煤层、菱铁矿层及泥晶灰岩、泥灰岩
		峨眉山玄武岩组	P_3e	0～255	暗绿-灰黑色致密状玄武岩，常具杏仁状、斑状、气孔状构造
		茅口组	P_2m	100～200	以浅灰-灰白色厚层-块状灰岩为主，夹白云岩及白云质灰岩
		栖霞组	P_2q	数十至 300	以深灰-灰黑色薄-厚层状灰岩为主，偶夹生物碎屑灰岩硅质灰岩及硅质条带、结核
		梁山组	P_1l	4～17	以碳质页岩及黏土岩为主，夹有铝土矿及赤铁矿

续表

界	系	群、组	代号	厚度/m	岩性简述
古生界	志留系	韩家店组	$S_{1\text{-}2}h$	347～908	下部为钙泥质粉砂岩与砂泥岩互层，中上部为砂质泥页岩夹少许泥质粉砂岩
		石牛栏组	S_1s	494～553	下部为灰色薄层状钙质粉砂岩与砂质泥页岩互层，夹薄层状泥灰岩；中上部为灰绿色砂质页岩、页岩夹薄层钙质粉砂岩、生物灰岩
		龙马溪组	S_1l	294	灰黑色粉砂质页岩、含碳质页岩夹钙质粉砂岩、少许细砂岩，近顶部为砂质泥质灰岩、灰岩
	奥陶系	五峰页岩段	O_3w	10.5	黑色笔石页岩夹硅质层和板状硅质碳质页岩
		宝塔组	O_2b	94	下部为黄色粉砂质钙质泥岩夹钙质结核，上部为灰-灰黑色泥质灰岩、泥质瘤状灰岩、龟裂纹灰岩夹生物灰岩
		湄潭组	$O_{1\text{-}2}m$	193～422	浅黄灰、棕黄、浅黄绿色砂质页岩、页岩夹泥质粉砂岩，中上部夹浅黄灰、浅棕色细砂岩、细粒石英砂岩、少许含磷石英砂岩
		红花园组	O_1h	13～42	黄、棕黄色页岩、泥质页岩
		桐梓组	O_1t	30～82.5	下部为深灰色白云质灰岩与竹叶状灰岩互层，上部为页岩夹泥质粉砂岩、少量细砂岩
	寒武系	娄山关组	$€_4l$	564～677	浅灰、黄灰色白云质灰岩、白云岩、泥质白云岩与泥质灰岩不等厚互层，夹细砂岩或粉砂岩
		西王庙组	$€_4x$	80～338	紫红、灰、绿灰色粉砂质泥岩夹同色中-厚层状粉砂岩、薄-中层状白云质灰岩、泥质白云岩及绿灰、浅灰色薄-中层状细粒长石石英砂岩
		高台组	$€_3g$	72.8～154.3	紫红-土黄色粉砂质泥岩、泥质粉砂岩，向上出现中薄层泥质灰岩、灰质白云岩
		清虚洞组	$€_3q$	190	下部为深灰色薄-中层状含泥质微-细晶白云岩夹灰-深灰色薄层或条带状钙质细砂岩、泥质粉砂岩，上部为深灰色厚层-块状砂质白云岩、亮晶砂屑灰岩，偶夹深灰色薄层白云质粉砂岩、含碳泥质粉砂岩。
		金顶山组	$€_3j$	194	紫、灰绿等杂色砂岩、泥岩，夹白云岩
		明心寺组	$€_2m$	80～261	下部以灰-深灰色粉砂质页岩、钙质页岩为主，夹灰色泥灰岩、结晶灰岩；上部为灰、黄绿色粉砂岩、泥岩互层，夹浅灰色细粒石英砂岩
		牛蹄塘组	$€_{1\text{-}2}n$	531	黄灰、深灰色薄层碳(泥)质粉砂岩与黑色薄层(碳质)页岩、含粉砂质泥页岩互层

一、寒武系(€)

属于扬子地层区叙永－南江地层分区叙永－达州小区。

1. 牛蹄塘组($€_{1-2}n$)

该组仅分布于长宁县龙头一带。岩性为黄灰、深灰色薄层碳(泥)质粉砂岩与黑色薄层(碳质)页岩、含粉砂质泥页岩互层，产三叶虫、介形虫、腕足类等化石。该区出露不全，未见底，区域上在南江沙滩(次层型)厚 531 m，与下伏灯影组、上覆明心寺组分别呈平行不整合、整合接触。

2. 明心寺组($€_2m$)

该组与牛蹄塘组分布相同。下部以灰-深灰色粉砂质页岩、钙质页岩为主，夹灰色泥灰岩、结晶灰岩；上部为灰、黄绿色粉砂岩、泥岩互层，夹浅灰色细粒石英砂岩。产三叶虫、古杯类化石，厚 80～261 m。

3. 金顶山组($€_3j$)

该组与明心寺组分布相同。岩性为紫、灰绿等杂色砂岩、泥岩，夹白云岩，厚 194 m。本组富三叶虫 *Megapalaeolenus*、*Palaeolenus*、*Kootenia*、*Redlichia* 等和古杯类 *Retecyathus*、*Archaeocyathus* 等。

4. 清虚洞组($€_3q$)

该组仅分布于长宁县龙头一带。该组下部为深灰色薄-中层状含泥质微-细晶白云岩夹灰-深灰色薄层或条带状钙质细砂岩、泥质粉砂岩，上部为深灰色厚层-块状砂质白云岩、亮晶砂屑灰岩，偶夹深灰色薄层白云质粉砂岩、含碳泥质粉砂岩。厚 190 m。富含三叶虫 *Hoffetella mayna*、*Yuehsienszella* sp.、*Redlichia* sp.、*Kootenia*、*Palaeolenus*、*Chittidilla*、*Kunmingaspis*、*Chuchiaspis heifengniaoensis*、*Yuehsienszeella* 等。

5. 高台组($€_3g$)

该组分布于古蔺县皇华、水口、丹桂。岩性为紫红-土黄色粉砂质泥岩、泥质粉砂岩，向上出现中薄层泥质灰岩、灰质白云岩，厚 72.8～154.3 m。在叙永与下伏清虚洞组砂屑白云岩、上覆西王庙组泥页岩整合接触。富含三叶虫 *Chittidilla*、*C.* aff. *plana*、*C.* cf. *emeishanensis*、*Paragraulos* sp.、*P.* cf. *lianhuashiensis*、*P.kunmingensis*、*Kunmingaspis yunnanensis*、*K.divergens*、*Ptychoporia* sp.等。

6. 西王庙组($€_4x$)

该组在筠连县大雪山镇以及珙县王家镇一带有少量分布。岩性为紫红、灰、绿灰色粉砂质泥岩夹同色中-厚层状粉砂岩、薄-中层状白云质灰岩、泥质白云岩及绿灰、浅灰色薄-中层状细粒长石石英砂岩，厚 80～338 m。

7. 娄山关组（$€_4l$）

该组分布于筠连县筠连、大雪山，珙县王家，叙永县分水、石厢子、摩尼、麻城，古蔺县双沙、椒园、皇华、茅溪等地。岩性为浅灰、黄灰色白云质灰岩、白云岩、泥质白云岩与泥质灰岩不等厚互层，夹细砂岩或粉砂岩，厚564～677 m。

二、奥陶系（O）

属于扬子地层区叙永－南江地层分区叙永－达州小区。主要分布于筠连县筠连，长宁县龙头、梅硐，叙永县分水、枧槽、石厢子、摩尼、麻城，以及古蔺县双沙、观文、皇华、椒园、丹桂等地。

1. 桐梓组（O_1t）

该组下部为深灰色白云质灰岩与竹叶状灰岩互层，上部为页岩夹泥质粉砂岩、少量细砂岩，厚30～82.5 m。本组化石极丰富，以三叶虫为主，主要有*Tungtzella*、*Dactylocephalus*、*Ijiokangopsis*、*Chungkingaspis*、*Paraloshanella changningensis*、*Imbricatia* sp.等。

2. 红花园组（O_1h）

该组为黄、棕黄色页岩、泥质页岩。产头足、腕足、三叶虫类等化石，厚13～42 m。本组盛产头足类化石，常见分支有*Cameroceras*、*Coreanoceras*。

3. 湄潭组（$O_{1\text{-}2}m$）

该组为浅黄灰、棕黄、浅黄绿色砂质页岩、页岩夹泥质粉砂岩，中上部夹浅黄灰、浅棕色细砂岩、细粒石英砂岩、少许含磷石英砂岩，富含三叶虫、笔石、腕足类等化石，厚 193～422 m。本组笔石多具代表性，常见化石为*Didymograptus*、*Azygograptus*两属。

4. 宝塔组（O_2b）

该组下部为黄色粉砂质钙质泥岩夹钙质结核，上部为灰-灰黑色泥质灰岩、泥质瘤状灰岩、龟裂纹灰岩夹生物灰岩，厚94 m。该组富含头足类*Sinoceras* sp.、*S.chinense*、*Michelinoceras* sp.，笔石*Dicellograptus szechuanensis*、*D.ornatus*、*D.artus*、*D.murchisoni*、*Orthograptus angustus*、*Climacograptus subbernardus*等。

5. 五峰页岩段（龙马溪组下段）（O_3w）

该组为黑色笔石页岩夹硅质层和板状硅质碳质页岩，厚10.5 m。产丰富的笔石：*Climacograptus superstes*、*Dicellograptus* sp.、*Pseudoclimacograptus* sp.等。

三、志留系(S)

属于扬子地层区盐源—峨眉地层分区峨眉—叙永小区。分布于筠连县筠连、大雪山，珙县珙泉，长宁县龙头、梅硐，兴文县石海，叙永县正东、分水、石厢子、摩尼，古蔺县双沙、皇华、石屏、丹桂等地。

1. 龙马溪组(S_1l)

该组为灰黑色粉砂质页岩、含碳质页岩夹钙质粉砂岩、少许细砂岩，近顶部为砂泥质灰岩、灰岩，厚 294 m。富含笔石：*Dicellograptus elegans*、*Glyptograptus persculptus*、*Spirograptus turriculatus*、*Octavites involutus*、*Pristiograptus* sp.、*Rastrites* sp.、*Climacograptus* sp.等。

2. 石牛栏组(S_1s)

该组下部为灰色薄层状钙质粉砂岩与砂质泥页岩互层，夹薄层状泥灰岩；中上部为灰绿色砂质页岩、页岩夹薄层钙质粉砂岩、生物灰岩，厚 494～553 m。本组含有丰富的大个体的珊瑚，常见珊瑚有 *Midtijwelia*、*Eoromerella*、*Mesofavosites*、*Heliolites*、*Microplasma*、*Maikottia* 等。

3. 韩家店组($S_{1\text{-}2}h$)

该组下部为钙泥质粉砂岩与砂泥岩互层，中上部为砂质泥页岩夹少许泥质粉砂岩，厚 347～908 m。本组含有较丰富的化石，有三叶虫 *Coronocephalus*，腕足类 *Eospirifer*、*Striispirifer*，珊瑚 *Favosites*、*Halysites*，头足类 *Sichuanoceras* 等。

四、二叠系(P)

属于扬子地层区盐源—邻水地层分区筠连小区、叙永—邻水小区。筠连小区发育二叠系梁山组—栖霞组—茅口组—峨眉山玄武岩组—宣威组；叙永—邻水小区发育二叠系梁山组—栖霞组—茅口组—峨眉山玄武岩组—龙潭组。

1. 梁山组(P_1l)

该组在筠连小区分布于筠连县巡司、镇舟，以及珙县洛表、洛亥等地；在叙永—邻水小区主要分布于长宁县硐底、龙头，兴文县周家、石海，叙永县落卜、后山、枧槽，古蔺县石屏、石宝、双沙等地。岩性以碳质页岩及黏土岩为主，夹有铝土矿及赤铁矿，厚 4～17 m。产植物化石：*Pecopteris*、*Sphenophyllum*、*Lepidodendron* 等。

2. 栖霞组(P_2q)

该组分布与梁山组相同。以深灰-灰黑色薄-厚层状灰岩为主，偶夹生物碎屑灰岩、硅质灰岩及硅质条带、结核，灰岩中普遍含较高的沥青质及硅质，一般厚数十米至 300 余米。该组富含多门类生物化石，主要有蜓类 *Schwagerina*、*Nankinella*、*Misellina* 等，珊瑚 *Hayasakaia*、*Wentzellophyllum* 等。

3. 茅口组(P_2m)

该组分布与梁山组相同。以浅灰-灰白色厚层-块状灰岩为主，夹白云岩及白云质灰岩，含硅质结核及条带，下部常夹钙质页岩及泥灰岩，厚 100～200 m。该组含多门类化石，主要有蜓类 *Neoschwagerina*、*Verbeekina*、*Chusenella*、*Schwagerina*、*Pseudodoliolina*，珊瑚 *Ipciphyllum*、*Wentzelella*、*Tachylasma* 等。

4. 峨眉山玄武岩组(P_3e)

该组在筠连小区主要分布于筠连县巡司、镇舟等地；在叙永－邻水小区零星分布于珙县珙泉。为暗绿-灰黑色致密状玄武岩，常具杏仁状、斑状、气孔状构造，厚 0～255 m。

5. 宣威组(P_3x)

该组分布于筠连县巡司、镇舟，以及珙县洛表、洛亥等地。灰、黄绿、紫红色泥岩、铝土岩或铝土质页岩夹泥质砂岩、含铁砂岩、煤线，中下部含赤铁矿、菱铁矿层，珙县、筠连一带厚 160 m 左右。该组化石以植物为主，常见 *Gigantopteris*、*Lepidodendron*、*Lnbatannularia*、*Sphenophyllum* 等。

6. 龙潭组(P_3l)

该组分布于珙县珙泉、底洞，长宁县硐底、龙头，兴文县周家、石海，叙永县落卜、枧槽、石坝，古蔺县石屏、石宝、观文等地。由灰、黄灰色泥岩、粉砂岩及砂岩组成不等厚互层，夹有煤层、菱铁矿层及泥晶灰岩、泥灰岩，灰岩含量及单层厚度由西向东增加，向吴家坪组过渡，向西陆相砂、泥岩增多，灰岩减少，向宣威组过渡，厚 80～180 m。底部常有高铝黏土、黄铁矿等富集，与下伏茅口组界线清楚，与吴家坪组大套灰岩常交互状相变接触。

五、三叠系(T)

属于扬子地层区峨眉－南江地层分区叙永－南江小区。广泛分布于高县、珙县、筠连、兴文、叙永、古蔺等地。

1. 飞仙关组(T_1f)

该组下部为浅灰绿色中-厚层状鲕粒灰岩及泥灰岩夹泥质粉砂岩及泥岩，上部为灰紫色钙质页岩及泥质粉砂岩夹灰绿色砂质条带及薄层灰岩，厚 299～453 m。含有较丰富的海相双壳类化石，有 *Claraia*、*Eumorphotis*、*Oxytoma* 等，菊石多为 Ophiceratidae 科的分支。

2. 铜街子组(T_1t)

该组为灰绿色薄-中层状含钙砂质泥岩及粉砂质页岩夹深灰、杂色泥质灰岩，厚 19～138 m。

3. 嘉陵江组(T_1j)

该组下部为灰、深灰色薄-中厚层灰岩夹生物碎屑及鲕状灰岩，向西泥质增多，渐变为泥灰岩，产 *Myophoria laevigata*、*Entolium discites microtis*、*Eumorphotis inaequicostata* 等；上部为灰、浅灰、肉红色薄-厚层盐溶角砾灰岩、灰质白云岩、泥质灰岩、条纹状灰岩和少许生物碎屑灰岩，产 *Unionites spensiensis*、*Chlamys* cf. *weiyuanensis*。厚 305.4～474 m。

4. 雷口坡组(T_2l)

该组下部为灰、肉红色厚层灰质白云岩、盐溶角砾岩，底部为厚约 0.5 m 的翠绿色“绿豆岩”层；中部为灰、深灰、杂色薄-中厚层灰质白云岩夹泥质灰岩，或生物碎屑灰岩，其中偶夹黑色页岩，产 *Entolium* sp.；上部为深灰色薄-厚层灰岩夹黄灰、灰黑薄层泥灰岩及页岩，产 *Posidonia* sp.。厚 47～296.2 m。

5. 须家河组(T_3xj)

该组下部为灰、黑灰色含碳泥岩、碳质页岩夹褐灰、灰白色中厚层含岩屑中细粒石英砂岩，在东部夹结核、扁豆状菱铁矿及煤层；上部为黄灰、白、灰绿、褐灰色厚块状细-中粒长石石英砂岩夹黄绿、黑色碳质页岩，粉砂岩及薄煤层。产 *Euestheria haifanggouensis*、*Neocalamites carrerei*、*Unionites* sp.，厚 296.6～511.6 m。

六、侏罗系(J)

属于扬子地层区雅安—达州地层分区叙永—达州小区。主要分布于珙县、兴文、叙永、古蔺等地。

1. 自流井组($J_{1\text{-}2}z$)

该组为鲜红、杂色泥岩、砂质泥岩夹粉砂岩、石英砂岩、泥灰岩、介壳灰岩，局部地段底部为含铁质泥质岩屑石英砂岩。产双壳类化石：*Pseudocardinia elongatiformis*、*P.* cf. *gansuensis*、*P.* cf. *sibirensis*、*P. hupehensis*、*Modiolus* cf. *yunlongensis* 等及植物碎片。厚 357～410 m。

2. 沙溪庙组(J_2s)

该组下段为紫红色泥岩、砂质泥岩夹灰、灰紫、灰绿色细粒长石石英砂岩，顶部为厚 5～19 m 的黄绿、灰绿、灰黑色页岩，产丰富的叶肢介化石 *Euestheria* ex. gr. *Ziliujingensis*，*E.* aff. *haifanggouensis*、*E.*cf. *complanata*，厚度为 239～242 m。上段为暗紫红色泥岩、砂质泥岩与灰白、灰紫色块状细粒长石石英砂岩不等厚互层，厚 594～1099 m。

3. 遂宁组(J_3sn)

该组为棕红、鲜红色泥岩与砂质泥岩互层夹石英粉砂岩，底部为层厚 8～18 m 的紫灰色、砖红色长石石英砂岩，顶部产植物化石碎片。厚 216～437 m。

4. 蓬莱镇组(J_3p)

该组为紫红、灰紫色厚层-块状细粒长石石英砂岩、薄-中层状粉砂岩、泥岩的不等厚互层，向上粒度变细、泥岩增多。本组化石门类较多，常见者有介形类 *Darwinula*、*Djungarica*、*Mantellina* 等，轮藻 *Euaclistochara*，双壳类 *Danlengiconcha*、*Sichuanoconcha* 等。厚 283～943 m。

七、白垩系(K)

属于扬子地层区雅安—万源地层分区叙永小区，主要分布于兴文、叙永、古蔺等地。

夹关组($K_{1-2}j$)：下段为紫红、砖红色厚层-块状细粒长石石英砂岩夹多层泥岩，顶部为 2～10 m 的砖红色泥岩，底部为厚 0～10 m 的砾岩，厚 211～405 m；上段为砖红色厚层-块状细粒长石石英砂岩，夹同色薄层或透镜状泥岩，具交错层理、大型楔形层理、干裂、雨痕及不对称波痕等，厚 345～1000 m。

第二节 构 造

按照据《中国区域地质志・四川志》(四川省地质调查院，2023)有关四川省大地构造单元划分，川南地区大地构造上属扬子克拉通(Ⅳ)上扬子陆块(Ⅳ_1)，凉山—筠连被动陆缘(Є-T_2)(Ⅳ_1^3)的筠连穹褶构造带(T_3-K)(Ⅳ_1^{3-3})，其北部为四川前陆盆地(T_3-K)(Ⅳ_1^5)的华蓥山压陷盆地(T_3-K)(Ⅳ_1^{5-5})(图 2-2)。

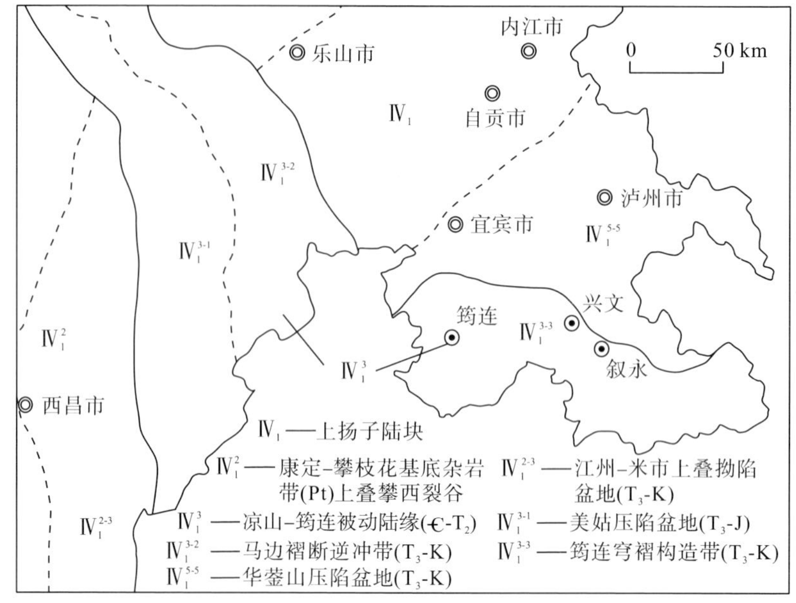

图 2-2 川南地区大地构造分区图［据四川省地质调查院(2023)，有修改］

一、筠连穹褶构造带(T_3-K)($Ⅳ_1^{3\text{-}3}$)

筠连穹褶构造带为凉山－筠连被动陆缘(Є-T_2)($Ⅳ_1^3$)的次级构造单元。凉山－筠连被动陆缘北西起于大相岭，向南东经峨边、雷波、筠连延入云南、贵州，总体呈向南西凸出的弧形带状分布，带内构造样式十分复杂，发育近南北向、北西向、北东向及近东西向相互叠加或改造的构造形迹，可进一步划分为美姑压陷盆地(T_3-J)($Ⅳ_1^{3\text{-}1}$)、马边褶断逆冲带(T_3-K)($Ⅳ_1^{3\text{-}2}$)、筠连穹褶构造带(T_3-K)($Ⅳ_1^{3\text{-}3}$)3 个四级构造单元。

筠连穹褶构造带(T_3-K)($Ⅳ_1^{3\text{-}3}$)位于高县－叙永－古蔺一线以南的古生界-中生界，西南延入云南，东延入贵州。寒武系－志留系主要为扬子型稳定的碳酸盐岩-碎屑岩，缺失泥盆系、石炭系。晚二叠世峨眉山玄武岩仅在筠连、珙县一带有分布，向东过渡为凝灰岩直至尖灭。下-中三叠统为海陆交互相碎屑岩建造和蒸发岩建造，上三叠统为含煤碎屑岩建造，侏罗系主要为红色复陆屑建造。带内东西向褶皱较发育，局部为北西西向褶皱。背斜核部多为下古生界，在长宁一带有钻井揭露至震旦系底部，轴部及两翼断裂较发育；向斜核部主要为侏罗系，向两翼逐渐过渡为上古生界、下古生界。褶皱中还发育北东向和近南北向叠加的构造形迹。

二、华蓥山压陷盆地(T_3-K)($Ⅳ_1^{5-5}$)

华蓥山压陷盆地为四川前陆盆地(T_3-K)($Ⅳ_1^5$)的次级构造单元。四川前陆盆地内广泛分布中-新生代陆相红层，总体上变形较弱。

华蓥山压陷盆地位于四川前陆盆地东部，大致位于华蓥山断裂与七曜山断裂之间，沿达州—邻水—重庆—泸州一线呈北北东—南南西向展布。盆地内主要出露中生代地层，包括三叠系、侏罗系，在南部边缘有白垩系。该盆地以发育侏罗山式褶皱为主要构造特征，表现为紧闭的背斜与宽缓的向斜组成的隔挡式褶皱，背、向斜宽度为1∶3～1∶4。据航磁资料，本区褶皱基底由板溪群变质砂岩、板岩组成。古生代地层主要出露于华蓥山复式背斜轴部，上寒武统娄山关组为镁质碳酸盐岩建造。奥陶系以砂泥质岩-碳酸盐岩建造为主。志留系主要为砂泥质岩建造、异地碳酸盐岩建造，中上部有缺失。石炭系平行不整合于志留系之上，为内源碳酸盐岩建造，厚度为数米至数十米，向东残留厚度增大。二叠系主体为内源碳酸盐岩-陆屑含煤建造，底部为铝土铁质岩建造。下—中三叠统为蒸发岩建造，上三叠统为灰色复陆屑建造。侏罗系—白垩系主要为红色复陆屑建造，侏罗系分布较广泛。白垩系仅分布于盆地南缘江安—合江一带，受盆地南缘边部构造影响总体呈北西西—南东东向展布，后期叠加北北东—南南西走向的构造作用，形成长轴为北北东向的复式背斜或向斜构造。

第三节　岩浆岩

川南地区位于峨眉山大火成岩省(ELIP)中带—外带，广泛分布二叠纪峨眉山玄武岩组(P_3e)。峨眉山大火成岩省位于中国西南部扬子板块西缘，是中国唯一被国际地学界承认的大火成岩省，形成于260～250 Ma(Lo et al.，2002；Guo et al.，2004)，喷发持续约10 Ma，为扬子陆块演化历史上一次重大的地质事件，形成了大面积的峨眉山玄武岩(He et al.，2006；朱江等，2011；徐义刚等，2013)。

传统意义的峨眉山玄武岩整体表现为近南北向的长轴状菱形分布于云南、四川和贵州境内(图 2-3)，其西界为哀牢山—红河断裂、西北界为龙门山断裂、东界位于弥勒—师宗断裂、南界大致在个旧—富宁地区附近，出露面积约为25万km^2，火山岩厚度总体“西厚东薄”，西部地区最厚处约有5 km，东部地区最薄处厚度小于100 m，保守估计火成岩体积约为0.3×10^6～0.6×10^6 km^3(何斌等，2003)。

川南地区位于峨眉山玄武岩分布的东岩区，峨眉山玄武岩的主要岩石类型为致密状玄武岩、斑状玄武岩、气孔或杏仁状玄武岩、玄武质火山角砾岩、凝灰岩等。从下而上分为三大旋回，下部为碱性玄武岩，以杏仁状和斑状玄武岩为主，夹少量同性质的火山碎屑岩；中部为典型的大陆拉斑玄武岩，中部旋回的底部多为火山角砾岩(或集块岩)；再往上为玄武岩，中、上部可见到较多的沉积夹层(凝灰岩、湖沼相黏土岩和砂页岩等)，厚度不大，一般为数厘米到数米(四川省地质调查院，2023)。

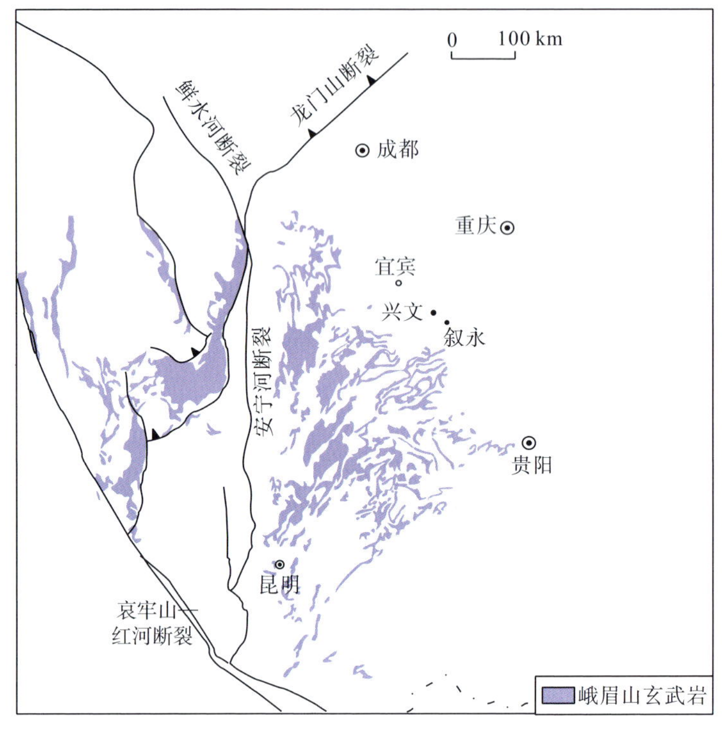

图 2-3 峨眉山玄武岩分布示意图［据 Ali 等(2010)、Sun 等(2010)修改］

对与川南地区邻近的川西南(昭觉县、马边彝族自治县、盐津县、珙县、越西县、乐山市)峨眉山玄武岩的研究表明(姜芮雯，2021)，可划分为两个喷发旋回，下喷发旋回为峨眉山玄武岩的主体，总体以粗面玄武岩为主，夹有玄武粗安岩、熔结凝灰岩、火山角砾岩、淬碎角砾岩及少量沉积岩，厚度变化大，为 200～1300 m。上喷发旋回的喷发物主要由火山碎屑岩和玄武岩组成，火山碎屑岩分布于下部，包括熔结角砾凝灰岩和凝灰岩，厚度可达 200 m，凝灰岩分布较为稳定，在西南盆缘大部分地区均可见及，厚度为 2～7 m；上部为碱性玄武岩，分布局限。

峨眉山玄武岩的主要元素特征为：SiO_2 含量变化范围小(46.90%～50.79%)，平均值为 48.54%，K_2O 含量多数较低，Na_2O 含量大于 K_2O 含量，Al_2O_3 含量变化不大(13%～14%)，TiO_2 含量变化范围较大，为 1%～4%，可划分为低钛(TiO_2 含量＜2%)和高钛(TiO_2 含量＞2%)两种类型。在 AFM(Al_2O_3-FeO-MgO)图中，投影点主要落在拉斑玄武岩区，少数落在碱性玄武岩区。在里特曼 lgτ-lgσ 图中，投影点主要落在非造山带区，表明峨眉山玄武岩喷溢是在大陆成穹环境下产生的(四川省地质调查院，2023)。

第四节　二叠纪扬子沉积区岩相古地理

四川境内二叠纪可分为巴颜喀拉、南秦岭－大巴山和扬子 3 个沉积区，川南地区属于扬子沉积区，该沉积区可分为盐源－邻水、北川－万源 2 个沉积分区，川南地区属于盐源－邻水沉积区，包括梁山组＋栖霞组＋茅口组＋峨眉山玄武岩组＋宣威组、梁山组＋栖霞组＋茅口组＋峨眉山玄武岩组＋龙潭组，缺失二叠纪船山世紫松期沉积，以早二叠世滨海相含煤陆源碎屑岩、中二叠世台地相碳酸盐岩及晚二叠世陆相火山岩、滨海相含煤陆源碎屑岩-碳酸盐岩沉积为特征(四川省地质调查院，2023)。

一、船山世隆林期

二叠纪船山世紫松期在扬子区域为古陆，隆林期全区海侵，发育梁山组沉积。

梁山组为细粒石英砂岩、粉砂岩、泥页岩、碳质页岩夹煤线、铝土岩、少许砂屑灰岩透镜体。细粒石英砂岩成分及结构成熟度高，显平行层理，粉砂岩、泥页岩及铝土岩具微细水平层理，为陆源碎屑机械沉积-含煤有机质化学沉积夹碳酸盐化学沉积、铝质沉积。

船山世隆林期(图 2-4)，扬子沉积区为正常海水与温暖气候并重的半潮湿环境，富含植物及少许腕足类。该期盐源－广元区域全面遭受海侵，属滨海沉积环境，攀西一带古陆高耸，古陆两侧水体较浅，水动力强，滨岸石英砂岩较多；西部盐源地处盆周附近，底部为滨岸砾岩，其上为碳酸盐内斜坡亚相的砾状灰岩，东部以碳质泥岩、黏土岩为主，富含铝土矿及劣质煤，属岸后沼泽环境；在北川－邻水一带，地势低凹，水体较深，沉积滨海远滨-潮坪相泥岩-铝质黏土岩-灰岩。

二、阳新世

主要沉积岩为泥晶灰岩夹泥质灰岩、生物屑灰岩及少许白云质灰岩、角砾状灰岩、燧石灰岩，岩石中局部见硅质团块、硅质条带，发育水平层理，包括阳新组－栖霞组＋茅口组沉积岩，为开阔台地相碳酸盐化学-生物化学沉积。

阳新世沉积期(图 2-5)，为水动力强、盐度适中、温度适宜的正常浅海，富含䗴类、珊瑚、有孔虫、腕足类等化石，该期以开阔台地相泥晶灰岩-生物屑灰岩为主，局部出现台缘斜坡相角砾状灰岩、台盆相燧石灰岩。

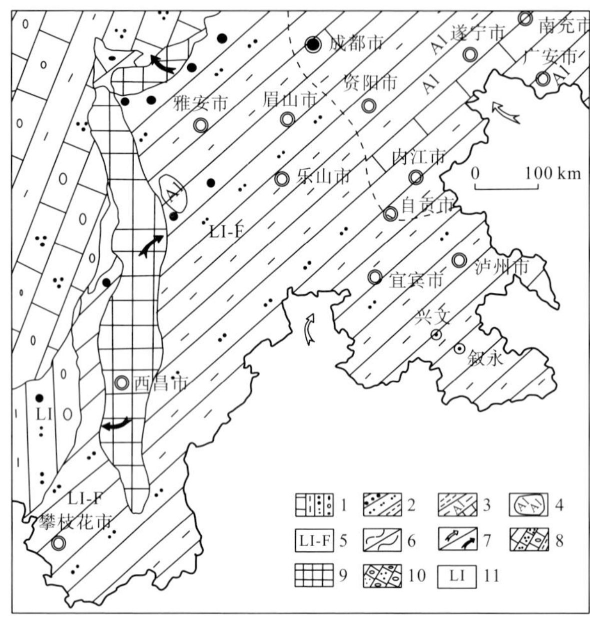

图 2-4 扬子沉积区船山世隆林期岩相古地理图［据四川省地质调查院(2023)，有修改］

1.砾屑灰岩-泥岩-细粉砂岩-砾岩；2.砂岩-粉砂岩-泥岩夹煤线；3.泥岩-铝质泥岩-灰岩；4.铝土岩；5.滨海-岸后沼泽相；6.相界线/组界线；7.海侵方向/物源方向；8.灰岩-砂屑灰岩-砂砾屑灰岩-泥岩；9.剥蚀区；10.(生物)灰岩-砂砾屑灰岩-砾屑灰岩-泥岩；11.滨海相

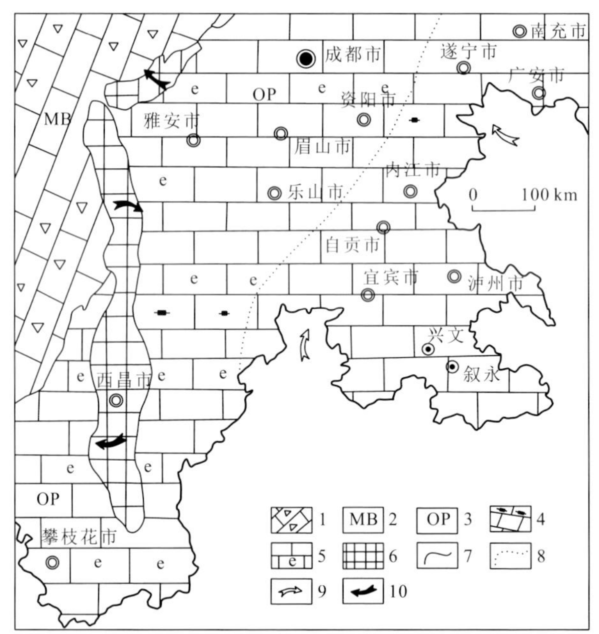

图 2-5 扬子沉积区阳新世沉积期岩相古地理图［据四川省地质调查院(2023)，有修改］

1.灰岩-角砾状灰岩；2.半深海相；3.开阔台地相；4.燧石灰岩-灰岩；5.灰岩-生物灰岩；6.剥蚀区；7.相界线；8.组界线；9.海侵方向；10.物源方向

三、乐平世吴家坪期

二叠纪乐平世吴家坪期，盐源－雅安和峨眉－邻水地区有峨眉山玄武岩组及上覆的黑泥哨组下段；峨眉沉积小区有宣威组下段；在叙永沉积小区为龙潭组中下段；在广元－南江为吴家坪组沉积岩。岩石地层单位为：峨眉山玄武岩组＋黑泥哨组下段＋宣威组下段－龙潭组中下段－吴家坪组。

主要沉积岩为峨眉山玄武岩组之凝灰质砾岩、凝灰质粗-粉砂岩、泥岩，黑泥哨组下段为粉砂岩与粉砂质泥岩、泥岩互层，夹中-细粒砂岩，底为砾岩；宣威组下段为泥岩、铝土岩夹细砂岩；龙潭组中下段为凝灰质页岩、碳质页岩、黏土岩，吴家坪组为灰岩、白云质灰岩，底为铝土质页岩夹硅质岩。主要火山岩为峨眉山玄武岩组之玄武质火山集块岩、玄武质集块角砾岩、玄武质火山角砾岩、凝灰岩、角砾凝灰岩、晶屑凝灰岩、致密状-杏仁状-斑状玄武岩。粉砂岩、泥页岩、黏土岩中发育微细水平层理，白云质灰岩中含结核状、透镜状燧石。

乐平世吴家坪期峨眉山玄武岩组为地裂型陆相玄武岩与基性火山碎屑岩沉积，黑泥哨组下段－宣威组下段－龙潭组中下段为陆源碎屑机械沉积-含碳有机质化学沉积，吴家坪组为碳酸盐化学沉积和铝土质-硅质化学沉积。

峨眉山玄武岩组火山间歇期沉积岩罕见古生物，黑泥哨组下段－宣威组下段－龙潭组中下段富含植物、腕足类及少许珊瑚和煤线、铝土岩，为温暖潮湿-半潮湿环境。继阳新世隆升成陆后，于乐平世吴家平期发生基性玄武岩浆的陆相喷发，其后海侵沉积滨海相砂岩-粉砂岩-泥岩及岸后沼泽相碳质泥岩或煤线，自北而南、由西至东水体变深、火山碎屑物减少，至吴家坪组已远离物源区，变为内源生物-化学沉积(图 2-6)。

四、乐平世长兴期

二叠纪乐平世长兴期，盐源沉积小区有黑泥哨组上段，峨眉沉积小区有宣威组上段，在叙永沉积小区有龙潭组上段，在广元－南江为大隆组沉积岩，岩石地层单位有黑泥哨组上段－宣威组上段－龙潭组上段－大隆组。

黑泥哨组上段为粗-细砂岩、粉砂岩、粉砂质泥岩；宣威组上段为泥岩夹泥质砂岩、含煤页岩；龙潭组上段为细砂岩、粉砂岩、泥岩互层，夹煤线、菱镁矿、泥灰岩；大隆组为硅质岩、硅质页岩、硅质灰岩夹粉砂岩、页岩。黑泥哨组上段－宣威组上段－龙潭组上段为陆源碎屑机械沉积-含碳有机质化学沉积，大隆组为浅海混积陆棚亚相碳酸盐与陆源碎屑沉积、半深海凹陷槽硅质化学沉积。

乐平世长兴期，在攀枝花－西昌区(康滇古陆)无沉积，盐源、峨眉－邻水区为残余海盆滨海砂岩-粉砂岩-泥岩及岸后沼泽相碳质泥、煤线沉积，向东向南水体变深，逐渐出现碳酸盐岩，至北川—南江区则为浅海-半深海凹陷槽硅质岩-硅质页岩-硅质灰岩沉积(图2-6)。

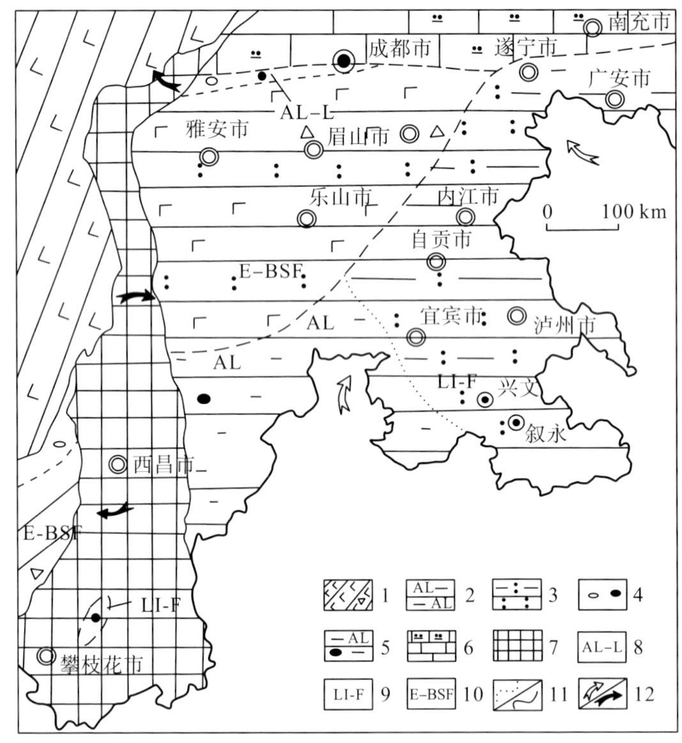

图2-6　扬子沉积区乐平世岩相古地理图(据中国区域地质志·四川志，2023修改)

1.玄武岩-角砾状玄武岩；2.铝质泥岩；3.凝灰质页岩-凝灰岩；4.砾质砂岩；5.铝质泥岩-砂质泥岩；6.硅质灰岩-灰岩；7.剥蚀区；8.河流-湖泊相；9.滨海-沼泽相；10.火山爆发-沉积相；11.组界线/相界线；12.海侵方向/物源方向

第五节　区域矿产概况

川南地区各类矿产资源较丰富，已发现的主要优势资源有煤、菱铁矿、硫铁矿、高岭石、铝土矿及铜矿等。

一、煤矿

煤有无烟煤和烟煤两种。与邻区相比，无烟煤是区内重要矿种之一，产于上二叠统龙潭组(P_3l)、宣威组(P_3x)及上三叠统须家河组(T_3xj)地层中。

1. 龙潭组/宣威组煤层

龙潭组为一套海陆交互相的含煤铝铁岩系，含无烟煤层最多有23层，工业可采煤层 2～9 层。珙长矿区，西部的芙蓉矿段有 4 层可采煤层，单层煤厚度为 0.60～2.50 m；中部先锋矿区，有 2 层可采煤层，单层煤厚度为 0.60～2.00 m；东部古宋矿段，有 2 层可采煤层，单层煤厚度为 0.50～2.20 m。贾村矿区，有 3 层可采煤层，单层煤厚度为 0.50～2.90 m。五指山矿区，有 3 层可采煤层，单层煤厚度为 0.50～2.70 m。

西南部筠连矿区，宣威组含可采和局部可采煤层 9 层。沐爱矿段，有可采煤层 5 层；筠连矿段可采煤层 3 层；洛表矿段有可采煤层 5 层；塘坝矿段有 3 层可采煤层；蒿坝矿段有可采煤层 5 层。

龙潭组/宣威组煤层原煤灰分一般为 20%～39%，硫分为 0.50%～2.90%，发热量为 20.0～26.5 MJ/kg，属于中-高灰、低-中高硫、低-高热值无烟煤，可作发电及民用锅炉用煤等。

2. 须家河组煤层

象鼻矿区主要有 4 层可采煤层，单层煤厚 0.30～0.80 m；珙长矿区西部兴文县五星一带，有 2 层可采煤层，单层煤厚 0.30～0.50 m。

须家河组煤层原煤灰分一般为 15%～39%，硫分为 0.40%～1.50%，发热量为 16.00～34.50 MJ/kg，属于低-高灰、低-中硫、低-特高热值煤。煤类为焦煤、肥焦煤、肥气煤及瘦煤，可作炼焦配煤或动力用煤。

二、硫铁矿

硫铁矿为区内最重要的矿产之一，总储量达 2.54 亿 t，工业价值大。矿层产于龙潭组下部，分布于珙长背斜两翼，主要的矿区有兴文县先锋硫煤矿区、富安井田矿区、五矿硫铁矿区，珙县洛表矿区，长宁县龙头硫铁矿区、石笋硫铁矿区。

硫铁矿层厚 1～4 m，由黄铁矿（25%～40%）和高岭石组成，全硫含量为 12%～20%。下部黄铁矿晶粒较粗，上部变细，底部有 0～0.2 m 灰黑色铁锰质黏土或黄褐色黏土，有时夹生物碎屑灰岩团块。矿层中的矿石矿物为黄铁矿（70%～95%）、白铁矿（5%～25%）和少量胶黄铁矿（5%），其他金属矿物偶见。黄铁矿的结构形态有四种：呈立方晶体的细粒状（白铁矿呈矛状），粒度多小于 0.04 mm；由细小晶体组成 0.1～4 mm 大小的聚晶团粒状；沿裂隙充填的粗粒板状晶体；自生的莓状黄铁矿。一般以结构稳定的立方晶体出现，并组成各种各样的矿石构造，如浸染状、团块状、脉状、羽状、放射状等。矿层的脉石矿物在大部分地区主要由小于 5 μm 的高岭石族矿物组成，约占 95%，其余为蒙脱石、水云母、水铝石、方解石、有机质等，副矿物有锆石、锐钛矿、金红石、六方双锥石英、长石等（邓守和，1986）。

三、菱铁矿

菱铁矿产于上二叠统龙潭组/宣威组中下部。产地有高县井田，珙县白皎、芙蓉、杉木树，筠连县蒿坝，江安县五矿，兴文县回龙等矿区。

菱铁矿层数多，厚度小，纵横向变化均很大，尖灭再现、分叉复合现象频繁，大多为复矿层，夹石厚度常大于分层厚度。含矿带的分布一般较为稳定，但就单矿体而言，却变化较大，主要呈扁豆状，透镜状断续产出，往往为含铁砂岩所代替。一般厚度为 0.30～0.60 m，延长数十至数百米，少数达数千米。主要矿石矿物为菱铁矿，其次为含铁绿泥石，伴有少量黄铁矿，地表多风化成褐铁矿。全铁品位一般为 23%～37%，多属贫铁矿。

四、高岭土

高岭土产于上二叠统龙潭组（P_3l）底部，系多水高岭土，高岭土含矿层位于氧化黄铁矿黏土岩之下，覆于茅口组灰岩之上。

高岭土产于含矿层中上部，埋藏浅，分布较广，但规模小，变化大，多呈囊状、鸡窝状，不规则团块状零星产出，个别地段为扁豆状、串珠状，断续延伸数百米，最长达 1656 m，厚度为 0.20～0.70 m，个别见于岩溶漏斗中，厚度可达 10 m。

五、铝土矿

铝土矿产于二叠系下统梁山组（P_1l），分布在兴文县新坝等矿点。

底部为不稳定的含赤铁矿铝土岩，一般厚度为 0.50～1 m。中上部为土状、致密状及豆状铝土岩，一般土状结构者居下，豆状结构者呈透镜状产于土状或致密状铝土岩中，上部为铝土矿层，大多以栖霞组灰岩为顶板，局部地段于矿层顶部发育有碳质铝土岩，厚度为 0.30～0.50 m。Al_2O_3 品位为 45%～50%，厚度为 0.95～2.30 m。

六、铜矿

铜矿产于上侏罗统蓬莱镇组一段砂岩中，属沉积岩型铜矿，矿石为含铜砂岩。蓬莱镇组一段砂岩分布区均有不同程度的铜矿化，分布于江安县红桥、怡乐、大井，兴文县土地坎，高县腾龙等地。其中红桥镇水河铜矿可达小型铜矿床规模，矿层厚度为 1.05～3.69 m，平均厚度为 1.99 m，属较稳定矿层；矿石矿物以辉铜矿为主，其次为孔雀石，辉铜矿呈不均匀浸染状分布。铜矿石含 Cu 品位为 0.45%～2.94%，平均为 1.48%，预测矿石资源量为 167.6 万 t。

除上述矿产资源外，还有石灰石、含钾岩石(绿豆岩)以及地热水(温泉)等。

第三章　关键金属富集层地质及元素含量特征

第一节　研究区地质特征

川南兴文、叙永地区位于扬子陆块西缘，峨眉山大火成岩省中带－外带交接部位（图 3-1）。形成于 260～250 Ma（Lo et al.，2002；Guo et al.，2004）的峨眉山大火成岩省（ELIP）分布于川、滇、黔三省，早期喷发岩性主要为玄武岩（峨眉山玄武岩）及火山碎屑，晚期还有粗面岩、流纹岩等长英质火山岩的喷发（Shellnutt，2014；Yang et al.，2015）。ELIP 火山岩经强烈风化剥蚀形成的风化壳碎屑物，被搬运沉积在附近盆地的不同环境中，并具明显分带性，内带－中带因 ELIP 火山岩厚度巨大（超过 5000 m），尚未完全剥蚀，宣威组（P_3x）直接覆盖于峨眉山玄武岩组（P_3e）之上；中带－外带 ELIP 火山岩厚度中等，部分地区剥蚀完全，龙潭组（P_3l）/吴家坪组（P_3w）沉积于石炭纪－二叠纪碳酸盐岩不整合面之上（Zhao et al.，2016a）。

兴文、叙永研究区分别为长宁背斜分布区，以及叙永南部由古生代地层组成的背斜分布区（图 3-1）。背斜核部为寒武系－奥陶系，两翼依次为志留系、二叠系、三叠系及侏罗系，二叠系地层广泛分布。

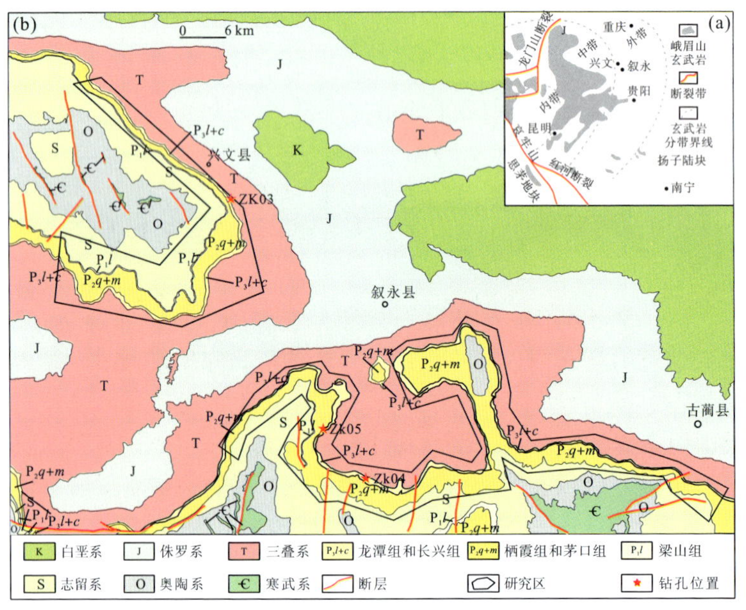

图 3-1　兴文－叙永地区地质简图

一、地层

二叠系平行不整合于中志留统韩家店组($S_{1-2}h$)泥质粉砂岩夹灰岩之上，上覆地层为下三叠统飞仙关组(T_1f)泥灰岩、泥岩，由下而上可分为：下二叠统梁山组(P_1l)黑色页岩、泥岩夹铝土矿透镜体，厚度为 0～21 m；中二叠统栖霞组(P_2q)和茅口组(P_2m)灰黑色灰岩、生物碎屑灰岩夹燧石层或结核，厚度为 310～378 m；上二叠统龙潭组(P_3l)灰褐、灰黑色砂泥岩夹煤层及菱铁矿，底部为高岭石黏土岩及黄铁矿，厚度为 87～102 m，以及长兴组(P_3c)灰黑色灰岩夹黄灰色页岩，厚度为 32～53 m。

研究区锂等关键金属元素富集于二叠系龙潭组(P_3l)之中，因此主要将区内二叠系地层特征分述如下。

1. 下二叠统梁山组(P_1l)

该组由赵亚曾、黄汲清 1931 年命名于陕西省南郑的梁山，以黑色页岩、碳质页岩、灰白色黏土岩为主，夹粉砂岩及煤层，偶夹少量灰岩透镜体，含植物及腕足类等化石。平行不整合覆于志留系韩家店组或大路寨组黄绿色页岩及回星哨组暗红色粉砂岩、页岩之上，局部可平行不整合覆于黄龙组灰岩之上，与上覆栖霞组或阳新组灰岩多为整合接触。将研究区内兴文县仙峰附近剖面(四川航调队 1977 年实测)列述如下。

上覆地层：栖霞组(P_2q)灰色中厚层状灰岩

——————整合——————

梁山组(P_1l) 21.2 m

4 灰白色中厚层状长石石英砂岩夹黄绿色页岩 19 m

3 灰黑色含铁质石英砂岩 0.9 m

2 黑色碳质页岩，含丰富的植物化石碎片 0.9 m

1 灰黑色中厚层含铁质细砂岩，底部为黄绿色及浅灰色黏土岩 0.4 m

——————平行不整合——————

下伏地层：韩家店组($S_{1-2}h$)黄绿色页岩

该组主要为海陆交互相含煤岩系，常产硫铁矿、赤铁矿及耐火黏土矿等。该组平行不整合于下伏志留系韩家店组或石牛栏组之上，且常有缺失。

区内梁山组在岩性、厚度方面均变化较大，大体是自东而西厚度逐渐加厚，砂质渐增。叙永县黄坭镇土地坪为灰褐色中层状粉砂岩夹碳质页岩及煤层，厚度为 8 m；叙永县枇杷沟为黑色碳质页岩、碳质粉砂岩夹煤线及黏土岩，厚度为 11.21～13.83 m。再西至长宁背斜，兴文县古宋石梁子为黑色碳质页岩，厚度为 1.3 m；古宋落岩坝为灰黄色黏土质页岩夹碳质页岩，产耐火黏土矿，底部含赤铁矿，厚度为 5 m；叙永县落坝附近为灰黑色页岩、碳质页岩夹不纯灰岩，其下见一层厚度为 0.5 m 的鲕状赤铁矿，整体厚度为 5～6 m；叙永县槽房头为灰绿色粉砂岩、灰色黏土岩夹碳质页岩，产赤铁矿及黏土矿，厚度为 10.41 m。

2. 中二叠统栖霞组(P_2q)

该组由李希霍芬 1912 年创名于江苏南京市郊的栖霞山，以深灰-灰黑色薄-厚层状石灰岩为主，含泥质条带及薄层，具眼球状构造，含蜓类、珊瑚、腕足类及牙形石等化石，与下伏梁山组黑色含煤岩系及上覆茅口组浅灰色块状灰岩均为整合接触。将研究区内兴文县古宋石梁子剖面、叙永县三道水剖面(四川航调队 1977 年实测)列述如下。

1)兴文县古宋石梁子剖面

上覆地层：茅口组(P_2m)灰黑色中层状灰岩与泥灰岩不等厚互层

——————————整合——————————

栖霞组(P_2q)　126.8 m

5 黑色块状灰岩，含燧石结核。产：*Schwagerina chinensis* Lee　7.2m

4 灰色中层状灰岩。产：*Michelinia* cf. *siyangensis* Reed　8.4 m

3 灰色厚层块状灰岩夹深灰色泥质灰岩，含少量燧石结核。产：*Hayasakaia* sp.、*Avonia* sp.、*Chonetes* sp.、*Polythecalis nankingensis* Tseng、*Hayasakaia hanchungensis* Huang　61.1 m

2 深灰色块状灰岩及黑色灰岩。产：*Nankinella* sp.、*Schwangerina* cf. *douvillei*、*Yatsengia* sp.、*Hayasakaia* sp.、*Ipciphyllum* cf. *flexuosum* Huang、*Michelinia multiseptata* Yoh　41.6 m

1 黑灰色中厚层状灰岩，底部为灰质页岩与泥灰岩互层。产：*Hayasakaia* cf. *elegans*、*Michelinia multicystosa* Yoh

——————————整合——————————

下伏地层：梁山组(P_1l)黑色碳质页岩

2)叙永县三道水剖面

上覆地层：茅口组(P_2m)黑色中层状灰岩夹生物碎屑泥灰岩

——————————整合——————————

栖霞组(P_2q)　115.2 m

4 灰褐色块状灰岩，黑色生物碎屑灰岩。产：*Liosotella* sp.　25.7m

3 灰黑色中厚层状、块状灰岩夹泥灰岩、生物碎屑泥灰岩，含燧石结核。产：*Polythecalis* cf. *yangtzeensis* Huang、*Chonetes* sp.　39.3m

2 黑色中厚层状、块状含泥质灰岩、灰岩，夹生物碎屑泥灰岩，底部夹黑色灰质页岩。产：*Polythecalis verbeekelloides* Huang、*Hayasakaia syringoporoides* Yoh、*Michelinia multicystosa* Yoh　50.1 m

——————整合——————

下伏地层：梁山组(P_1l)灰色黏土及含碳质页岩

该组主要为灰岩、生物灰岩，下部深灰色、上部浅灰色厚层至块状灰岩并含少许燧石结核。该组在区内岩性及厚度均变化不大，一般厚度为113～127 m。在兴文县梅花镇以南稍厚，为168.6 m。岩石中含大量海相化石。

3. 茅口组(P_2m)

该组由乐森珥等 1927 年命名于贵州省郎岱县(现六枝特区)茅口河岸，原名“茅口灰岩”，以浅灰-灰白色厚层-块状灰岩为主，夹白云岩及白云质灰岩，含硅质结核及条带。产䗴类、珊瑚及腕足类等化石，与下伏栖霞组深灰-灰黑色灰岩及上覆吴家坪组底部页岩(王坡页岩)、峨眉山玄武岩组为整合或平行不整合接触。将研究区内兴文县古宋石梁子剖面、叙永县三道水剖面(四川航调队 1977 年实测)列述如下。

1)兴文县古宋石梁子剖面

上覆地层：龙潭组(P_3l)杂色黏土岩

——————平行不整合——————

茅口组(P_2m)　197.5 m

13 浅灰色生物碎屑灰岩，顶部夹泥灰岩条带，底部为灰质白云岩夹燧石层。产：*Linoproductus* sp.、*Uncinella* sp.、*Verbeekina* sp.、*Paraschwagerina* cf. *quasifosteri* Sheng、*Schwagerina paralpina* Chen、*Schwagerina* cf. *liangshanensis* Sheng、*Schwagerina kwangchiensis*、*Neoschwagerina simplex* Ozawa　15.3 m

12 灰色生物碎屑灰岩夹灰岩。产：*Chusenella conicocylindrica* Chen、*Verbeekina* sp.、*Triticites* sp.、*Schwagerina* sp.、*Wentzelella* sp.、*Waagenoconcha* sp.、*Composita* sp.、*Asteratheca* sp.、*Chusenella tingi*、*Neoschwagerina* sp.、*Punctospirifer* sp. 25.1 m

11 灰、深灰色中厚层状灰岩夹生物碎屑灰岩，上部灰岩夹较多泥质条带及燧石结核。产：*Schwagerina* sp.、*Ipciphyllum* cf. *subtimorense* Huang、*I. elegans* Huang、*Martinia* sp.、*Verbeekina verbeeki*、*Pseudodoliolina* cf. *ozawai*、*Corwenia* sp.、*Michelinopora* cf. *ozawai*、*Corwenia* sp.、*Michelinopora* cf. *siyangensis*、*Linoproductus* sp.、*Striatifera* sp.　89.7 m

10 深灰色中层状豹斑灰岩。产：*Verbeekina* sp.、*Michelinia* sp.、*Hayasakaia* sp. 6.7 m

9 灰色、深灰色中厚层状含泥质灰岩，中部夹燧石层及泥质条带，底部为 0.8 m 灰质页岩。产：*Linoproductus* sp.、*Polythecalis* sp.、*Michelinia* sp.、*Dictyoclostus nankingensis*、*Waagenoconcha* sp.　28.8 m

8 黑色厚层状灰岩夹生物碎屑灰岩，含燧石结核。产：*Polythecalis* cf. *yangtzeensis* Huang、*Schwagerina douvillei*、*Ozawainella hunanensis* Chen、*Dictyoclostus* sp.、*Linoproductus* sp. 26.3 m

7 黑灰色中层状灰岩与泥灰岩不等厚互层。产：*Sinopora dendroides*、*Michelinopora* aff. *abnormis*、*Notothyris* sp.、*Dictyoclostus nankingensis* 25.8 m

——————整合——————

下伏地层：栖霞组(P_2q)黑色块状灰岩

2)叙永县三道水剖面

上覆地层：龙潭组(P_3l)灰黑色页岩与泥灰岩互层，底部为白色、杂色高岭土

——————平行不整合——————

茅口组(P_2m) 252.1 m

14 灰褐色、深灰色中层状灰岩夹燧石层。产：*Martinia* sp. 21.9 m

13 深灰色中层状含白云质灰岩、泥灰岩与燧石层不等厚互层 20.9 m

12 浅灰色褐色厚层状灰岩、生物碎屑灰岩。产：*Linoproductus* sp.、*Martinia* sp. 11.8 m

11 浅褐色中厚层状灰岩、生物碎屑灰岩，夹黑色灰质页岩及燧石层，含菱铁矿。产：*Dictyoclostus* sp.、*Linoproductus* sp.、*Cancrinella* sp.、*Athyris* sp.、*Stenoscisma* sp. 21.4 m

10 灰色、深灰色灰岩、泥质生物碎屑灰岩，上部夹燧石结核及泥质条带。产：*Athyris* sp. 14.5 m

9 黑灰色、灰褐色厚层块状灰岩夹泥灰岩，底部为生物碎屑灰岩。产：*Athyris* sp.、*Schwagerina* sp.、*Ipciphyllum subtimorense* Huang 35.9 m

8 黑-黑灰色中厚层状灰岩夹生物碎屑泥灰岩、燧石结核及灰质页岩。产：*Athyris* sp.、*Pseudodoliolina* sp.、*Chusenella* sp.、*Martinia* sp.、*Dictyoclostus yangtzeensis* 55.9 m

7 黑色厚层状豹斑灰岩。产：*Cancrinella* sp.、*Athyris* sp. 、*Buxtonia* sp. 21.7 m

6 黑色中层状灰岩、泥灰岩，夹黑色灰质页岩，顶部含扁豆状燧石结核。产：*Leiosella* sp. 26 m

5 黑色中层状灰岩夹生物碎屑泥灰岩，底部含燧石结核 22.1 m

——————整合——————

下伏地层：栖霞组(P_2q)灰褐色块状灰岩，黑色生物碎屑灰岩

该组岩性为浅灰色-黑灰色中厚层状灰岩夹生物碎屑灰岩，常含燧石结核或燧石薄层，总的色调比栖霞组浅，上部质纯，多形成明显的岩溶地貌。该组底部常可见扁豆状、眼球状灰岩或黑灰色钙质页岩与栖霞组整合过渡。区内岩性较稳定，但由于上、中统之间存在沉积间断，故茅口组顶部有被剥蚀的现象，因而其厚度变化较大。在兴文县梅花镇以南厚度仅为 94 m，古宋石梁子厚度为 197.5 m。本

组盛产丰富的海相化石，主要为腕足、蜓、珊瑚、苔藓虫。

4. 上二叠统龙潭组(P_3l)

该组由刘季辰、赵如钧 1924 年命名于江苏省江宁县(现南京市)龙潭镇，原称“龙潭煤系”。现在指以黄灰-黑色细砂岩、粉砂岩、粉砂质碳质页岩为主，夹灰岩、泥质灰岩及煤层，含植物、腕足类等化石，厚度为 80～180 m，与下伏茅口组含硅质结核灰岩平行不整合接触，与上覆飞仙关组紫红、黄绿色泥页岩、泥质灰岩整合接触。将研究区内兴文县古宋以南的石梁子剖面、叙永县三道水剖面(四川航调队 1977 年实测)列述如下。

1) 兴文县古宋石梁子剖面

上覆地层：长兴组(P_3c)灰黑色泥灰岩与灰绿色页岩互层

——————整合——————

龙潭组(P_3l) 120.3 m

9 暗灰色夹浅红色页岩夹薄层生物灰岩，产腕足类：*Avonia* sp.、*Leptodus* sp.、*Meekella* sp.、*Marginifera* sp.、*Stenoscisma* sp. 9.4 m

8 暗灰色、棕黄色页岩、泥岩夹煤层。产植物：*Gigantopteris nicotinaefolia*、*Pecopteris* sp. 8.2 m

7 浅红色页岩、浅灰色黏土夹碳质页岩与煤层。产植物：*Taeniopteris* sp.、*Gigantopteris nicotinaefolia* 15.8 m

6 棕黄色、黑灰色页岩夹灰白色黏土岩。产植物：*Taeniopteris* sp.、*Pecopteris hemitelioides* 17.6m

5 灰色、紫红色黏土岩夹黄绿色层页岩。产植物：*Taeniopteris* sp.、*Gigantopteris nicotinaefolia*、*Pecopteris* sp. 22.6 m

4 黑色页岩、紫灰色页岩。产植物：*Pecopteris* sp.、*Gigantopteris nicotinaefolia*、*Taeniopteris* sp.、*Sphenophyllum* aff. *verticillatum*，*Pecopteris hemitelioides* 20.4 m

3 黑色页岩夹碳质页岩、煤层及铁矿层。产植物：*Taeniopteris* sp.、*Pecopteris hemitelioides*、*Gigantopteris nicotinaefolia*、*Asterotheca* sp. 11.5 m

2 紫灰色页岩夹铁矿层及碳质页岩。含植物：*Taeniopteris* sp. 9.9 m

1 杂色黏土岩 4.0 m

——————平行不整合——————

下伏地层：茅口组(P_2m)浅灰色生物灰岩

2) 叙永县三道水剖面

上覆地层：长兴组(P_3c)黑灰色中厚层状泥灰岩与页岩互层

——————整合——————

龙潭组(P_3l) 87.9 m

3 灰褐、灰黄色页岩，上部夹泥灰岩，夹多层煤，含黄铁矿结核。 22.4 m

2 黑灰色页岩、碳质页岩夹砂岩，夹黄铁矿层及煤层。49.6 m

1 灰黑色页岩与泥灰岩互层，夹碳质页岩及煤层，底部为厚 0.4 m 的白色、杂色高岭土。15.9 m

——————————平行不整合——————————

下伏地层：茅口组(P_2m)灰褐色块状灰岩，黑色生物碎屑灰岩

该组为海陆交互相含煤岩系，主要为灰褐、灰黄、灰黑色砂岩、页岩夹煤层及菱铁矿层，偶夹灰岩薄层。下部含黄铁矿，底部为黏土或高岭土，与茅口组呈假整合接触。区内主要煤、铁、硫、黏土等沉积矿产多产于该组中，可称为区内的“宝层”。该组地层岩相、岩性在各地虽有差异，但大体上变化不大。厚度自西向东逐渐增厚，西自兴文县富安场厚度为 115 m，向东古宋石梁子厚度为 120 m，叙永大树一带厚度为 64～141 m。随着地层厚度的变化，其煤层、硫铁矿层的厚度也有自西向东变厚的现象。长宁背斜北翼兴文县富安至古宋一带，主要煤层厚度一般大于 1 m，最厚处达 4 m；硫铁矿层厚度为 3 m 左右，无尖灭点。长宁背斜东南转折端向西南翼煤层有逐渐变薄之趋势，而高岭石黏土岩在茶叶沟背斜和梯子崖背斜则较为稳定。

5. 上二叠统长兴组(P_3c)

研究区内兴文县古宋石梁子剖面、叙永县三道水剖面(四川航调队 1977 年实测)列述如下。

1)兴文县古宋以南的石梁子剖面

上覆地层：飞仙关组(T_1f)灰色含泥质石灰岩

——————————整合——————————

长兴组(P_3c)　43.5 m

3 灰绿色页岩夹碳质页岩。产 *Chonetes* sp.　4.5 m

2 灰绿色页岩与深灰色含燧石结核泥灰岩互层。产 *Buxtonia* sp.、*Girtyella* sp.、*Rhipidomella* sp.　20.3 m

1 灰黑色泥灰岩与灰绿色页岩互层，底部为生物屑泥灰岩。产：*Schuchertella* sp.、*Oldhamina* sp.、*Leptodus* sp.、*Linoproductus* sp.、*Composita* sp.　18.7 m

——————————整合——————————

下伏地层：龙潭组(P_3l)暗灰色夹浅红色凝灰质页岩夹薄层生物灰岩

2)叙永县以东三道水剖面

上覆地层：飞仙关组(T_1f)青灰色泥灰岩

——————————整合——————————

长兴组(P_3c)　52.9 m

20 灰黑色薄层状灰岩与灰质页岩互层。产：*Martinia* sp.　18.6 m

19 黑灰色中厚层状灰岩、泥质灰岩。产：*Martinia* sp.　27.3 m

18 黑灰色中厚层状泥灰岩与页岩互层。产：*Chonetes* sp.　7 m

————————整合————————

下伏地层：龙潭组(P_3l)灰褐、灰黄色页岩

长兴组(P_3c)主要岩性为深灰色、黑灰色灰岩、泥灰岩与灰绿色页岩互层，偶夹碳质页岩或煤线。厚度为 32～53 m。区内该组岩性和厚度有一定的变化，总体上自东向西碎屑岩逐渐增多，而厚度上有所减薄。叙永县三道水为黑色薄-厚层状灰岩、生物碎屑泥灰岩，含燧石结核，夹少许页岩，厚度为 52.9 m。叙永大树一带为黑灰色中厚层状灰岩，上部夹黄绿色薄层细砂岩及砂质页岩，厚度为 46.7 m。古宋石梁子为深灰色、灰黑色泥灰岩，生物碎屑泥灰岩与灰绿色页岩不等厚互层，厚度为 43.5 m。兴文县富安一带为灰黑色薄-中层状灰岩、泥灰岩与灰绿色、黄灰色页岩互层，厚度为 32.2 m。

二、构造

研究区主要的构造为分布于西部兴文地区的长宁背斜(东段)，以及南部叙永地区的梯子岩背斜、茶叶沟背斜，在上述背斜分布区常发育有断层构造(图 3-2)。

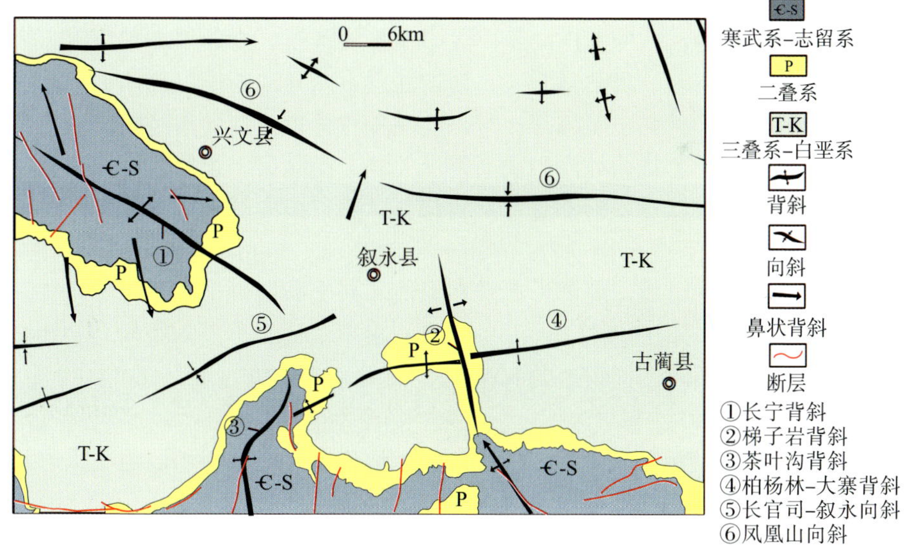

图 3-2　兴文-叙永地区构造纲要图

1. 长宁背斜(①)

总观长宁背斜(亦称为珙长背斜或长宁双河背斜)全貌，它是北翼陡、南翼缓的不对称复背斜，背斜核部为寒武系—奥陶系，两翼依次为志留系、二叠系、三

叠系及侏罗系。主轴北西－南东向展布，北翼及西端陡(40°～60°)，南翼及东端缓。背斜内次级褶皱和断裂发育。根据长宁背斜东段构造形迹的力学性质、形态特征、空间格局等特点可分为北西向、东西向、近南北向、北东向 4 个构造组。

1) 北西向构造组

北西向构造组即长宁背斜东段之主轴，东起三官店以东，向西经银光坪、僰王山延出区外，区内长 40 km，宽 20 余千米，北翼陡(40°～60°)，南翼缓(10°～40°)，南东倾没于叙永县城以西，其上次级褶皱和断裂发育，为复式背斜。

2) 东西向构造组

东西向构造组包括大桥背斜、银光坪背斜、漏风垭背斜以及两河口断层。大桥背斜位于兴文县与长宁县梅硐镇之间，长 7 km，宽 3 km，核部为下奥陶统，中-上奥陶统及下志留统组成两翼，两翼对称(倾角为 15°～25°)，为短轴背斜。银光坪背斜分布于银光坪、大湾、中和寺一带，长 4.5 km，由奥陶系地层组成，翼部倾角为 10°～15°，为短轴背斜。漏风垭背斜位于银光坪背斜之南漏风垭一带，长 4 km，核部地层为奥陶系红花园组，湄潭组构成两翼，为对称的短轴背斜。两河口断层位于兴文两河口一带，走向近东西，倾向北，长 3 km，为压性逆断层。

3) 近南北向构造组

该组构造形迹多为鼻状背斜及逆冲断层，展布方向为 NW10°～20°。该构造组包括阴阳背鼻状背斜、僰王山向斜、太平山鼻状背斜、岩砂田鼻状背斜、大院子鼻状背斜、兴文断层、阴阳背断层、新街断层、鹿儿沟断层以及西关口断层。阴阳背鼻状背斜位于兴文、阴阳背一带，北在楠竹林以北，向南经兴文至新街，在两河口一带翘起，鼻状始处为寒武系娄山关群，奥陶系、志留系组成两翼，两翼地层被断层断失或重复，为不对称鼻状背斜。僰王山向斜位于兴文之西僰王山一带，北起大桥以南，南在梯子岩、官田一带翘起，长 5 km，宽 3 km，两翼对称，槽部平缓，为志留系组成，翼部为奥陶系组成。兴文断层位于阴阳背鼻状背斜东翼，北起兴文以北，向南经两江口、岳家湾至石板田消失于下奥陶统内，长 10 km，断于寒武系与奥陶系间。该组走向 NW25°，倾向东，倾角为 40°～60°。

4) 北东向构造组

该组构造形迹为断层和裂隙，主要有水对沟断层、杨柳坝断层组、大岩沟裂隙组。水对沟断层位于僰王山向斜北，南起黄家榜，向北经水对沟，延至流水岩消失在石牛栏组之中，长 5 km，走向 NE40°，倾向南东，在水对沟以南断于石牛栏组内部，见 20 m 宽的挤压破碎带，南东盘明显向南西错移达 200 m。杨柳坝断层组包括兴文之南的河边井、大井沟、杨柳坝一带三条走向北东的断层，分别长 3～7 km。断层带有挤压破碎现象，且截断兴文、阴阳背断层，其南东盘向南西错移，为压扭性断层。

2. 梯子岩背斜(②)

该背斜位于叙永以东梯子岩、狗爬岩一带。南起官斗山以西，北在庙榜上以北倾没，轴向近南北略偏北西。核部最老地层为石牛栏组，东翼倾角为10°～30°，由二叠系、三叠系构成；西翼倾角为40°～60°，主要由二叠系及三叠系飞仙关组组成，在柏杨林一带开始向西凸起逐渐形成柏杨林背斜。南端在双井一带与风岩沟鼻状背斜正鞍相接，北端依次出露三叠系、侏罗系地层，长18 km，宽3～4 km，与柏杨林-大寨背斜反接形成横跨褶皱。西翼被黄草坪断层破坏，为东缓西陡不对称背斜。

3. 茶叶沟背斜(③)

该背斜在银方坝延入区内，向北经田头湾、沙基沟，在乐郎坝、核桃坪一带倾没。沙基沟以南轴向南北，沙基沟以北轴向转为北北东，区内长 13 km。轴部最老地层为奥陶系娄山关群，北段则仅出露志留系；翼部出现志留系、二叠系、三叠系，西翼倾角为25°～40°，东翼倾角为20°～30°，为不对称背斜。

4. 柏杨林一大寨背斜(④)

该背斜长 35 km，走向近东西。核部开阔，两翼不对称，最老地层为下志留统石牛栏组。在黄草坪一带被梯子岩背斜(②)横跨分成两段，东段称大寨背斜，西段称柏杨林背斜。

大寨背斜位于香楠坝、大寨、黄泥坝一带，形如构造鼻，走向近东西，两翼不对称，长约 19 km。黄泥坝以西地层呈南北走向构成梯子岩背斜的一翼，往东自飞仙关组开始渐向东凸，使东西向背斜形迹逐渐清楚，在香楠坝以东倾没。

柏杨林背斜位于叙永县洛窝之北，自黄军坪向西，二叠系逐渐西凸，地层产状逐渐转为东西走向并分别向北、向南倾斜，形成背斜构造。北翼依次出露二叠系、三叠系、侏罗系，倾角为 15°～50°；南翼主要由三叠系组成，倾角为 10°～20°。两翼不对称，走向近东西，形如构造鼻。枢纽起伏。往西轴线渐次向南西偏转，东端翘起，构成梯子岩背斜西翼。

5. 长官司一叙永向斜(⑤)

该向斜位云南长官司、新街、四川叙永一带，总体走向 NE70°～80°东，长40 km，枢纽起伏，槽部由须家河组一沙溪庙上亚组组成，三叠系组成两翼，北翼倾角为15°～25°，南翼倾角为15°～40°，东端在叙永附近消失。

6. 凤凰山向斜(⑥)

东起桃子坝以北，向西经大尖山、鸡翠山、凤凰山至雪塘头一带翘起。白垩系夹关组构成宽缓的槽部，夹关组及侏罗系中、上统组成两翼。北翼倾角为8°～25°，南翼倾角为15°～30°。东宽西窄，西端扬起。

第二节　锂等关键金属富集层地质特征

区内上二叠统龙潭组(P_3l)与下伏茅口组(P_2m)平行不整合接触，与上覆长兴组(P_3c)整合接触，为一套海陆交互相含煤岩系，岩性主要为灰褐、灰黄、灰黑色砂岩及粉砂岩、页岩夹煤层及菱铁矿，偶夹灰岩薄层，下部为高岭石黏土岩，厚度为120 m左右。

锂等关键金属富集于该组下部高岭石黏土岩之中。龙潭组(P_3l)下部高岭石黏土岩在研究区内厚度变化较大，一般为5～20 m，其顶板为碳质黏土岩夹薄煤层(煤线)，底板为茅口组(P_2m)灰岩，标志较为明显。根据黏土岩中黄铁矿及碳质(碳化植物碎片)的含量不同，由下而上大致可分为灰色高岭石黏土岩、浅灰色含黄铁矿高岭石黏土岩(风化后为黄褐色褐铁矿化高岭石黏土岩)、灰色-棕灰色碳质(植物化石)高岭石黏土岩，以浅灰色含黄铁矿高岭石黏土岩为主(图3-3、图3-4)。

图3-3　兴文地区龙潭组下部高岭石黏土岩(矿)石照片

(a)、(b)高岭石黏土岩；(c)含浸染状黄铁矿高岭石黏土岩；(d)含树枝状黄铁矿高岭石黏土岩；(e)含团块状黄铁矿高岭石黏土岩；(f)褐铁矿化高岭石黏土岩；(g)具黄铁矿立方体晶形的褐铁矿化高岭石黏土岩；(h)、(i)碳质(植物化石)高岭石黏土岩

图 3-4 叙永地区龙潭组下部高岭石黏土岩(矿)石照片

(a)龙潭组底部黏土岩野外露头；(b)高岭石黏土岩之上的黑色碳质黏土岩；(c)灰色高岭石黏土岩；(d)、(e)含黄铁矿高岭石黏土岩；(f)、(g)褐铁矿化含黄铁矿高岭石黏土岩；(h)碳质高岭石黏土岩；(i)碳质(碳化植物)高岭石黏土岩

通过野外露头及手标本观察，高岭石黏土岩呈浅灰色、浅黄褐色，块状构造，岩石断口较为致密；含黄铁矿高岭石黏土岩，新鲜未风化岩石呈浅灰-浅灰白色，块状构造，其中黄铁矿分布不均、含量变化大，一般为5%～10%，局部可达20%以上，以浸染状、团块状、树枝状等形式分布。黄铁矿主要呈立方体细粒状，细小晶体组成聚晶团粒状产出。除黄铁矿外还有少量白铁矿。地表岩石风化后为黄褐色褐铁矿化高岭石黏土岩，部分岩石中尚可见到黄铁矿风化后形成立方体形态。碳质高岭石黏土岩呈灰色-灰黑色，具薄层状构造，可见水平层理，含碳化植物化石碎片，多呈长条状，分布于层面上。

采用粉晶X射线衍射(XRD)方法，对富锂黏土岩的矿物组成进行了分析。样品在西南科技大学分析测试中心完成，采用UltimaIVX射线衍射仪完成测试。试验条件为：射线源Cu靶，测角精度为0.0001°(2θ)，射线管电压为40 kV，射线管电流为40 mA，初始角度为0°，终止角度为80°，扫描速率为6°，每步角度为0.0170°(2θ)，测试温度为25°℃。采用Jade6.0软件对测试结果进行分析。

分析结果表明，除去黄铁矿等肉眼可见矿物以外，黏土岩的XRD表明(图3-5)，其矿物组合相对较为简单，以高岭石为主(80%～90%)，其次为蒙脱石(10%～

15%)、绿泥石(5%～10%)、地开石(3%～5%)、伊利石(1%～3%)等，还含有少量锐钛矿、浊沸石等副矿物。茅口组灰岩之上的黏土层由三水铝土石和埃洛石混合组成(图 3-5)，或主要由埃洛石组成。

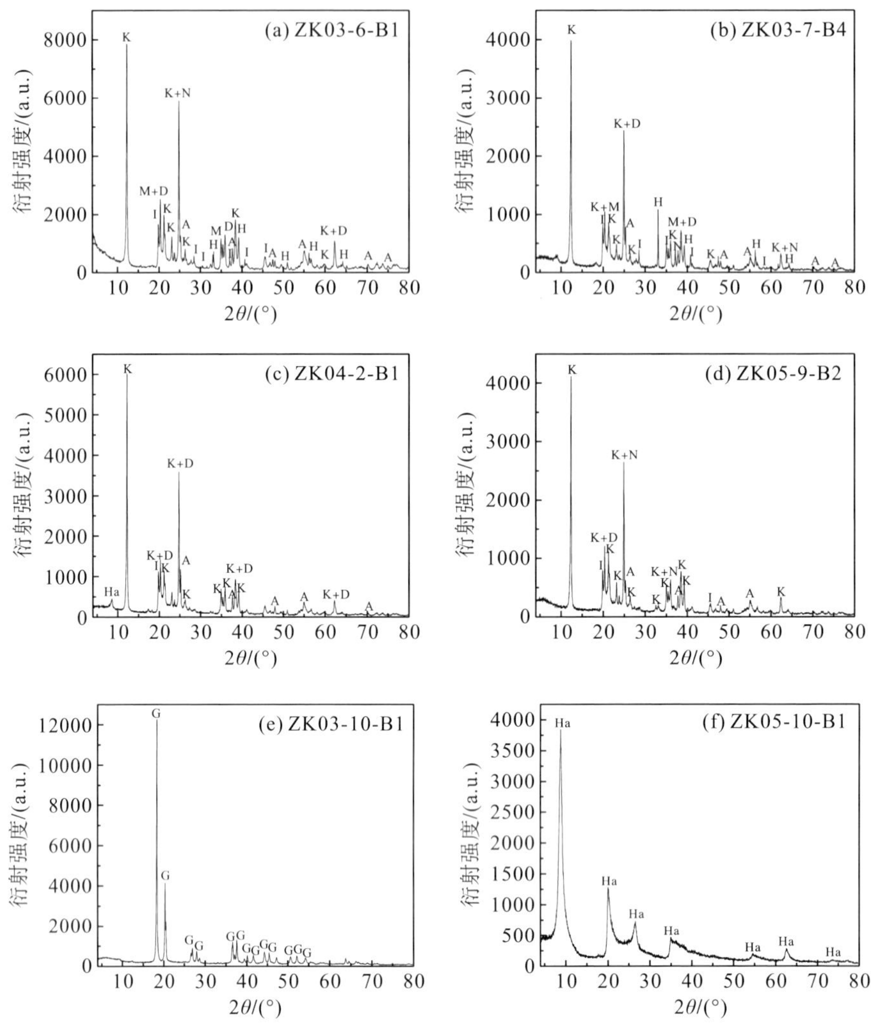

图 3-5 典型样品粉晶 X 射线衍射图谱

K-高岭石；A-锐钛矿；M-蒙脱石；D-地开石；I-伊利石；N-珍珠石；Ha-埃洛石；G-三水铝土石；H-褐铁矿

通过扫描电镜-能量色散 X 射线谱(SEM-EDS)可以观察黏土矿物以及矿石的微观形态。样品在西南科技大学固体废物处理与资源化教育部重点实验室完成，扫描电镜仪器为蔡司公司的 Sigma300，放大倍数为 10～1000 k，分辨率为 1.2 nm@15 kV、2.2 nm@1 kV。能谱分析仪器为英国 OXFORD 公司的 X-MAX^{N}20，加速电压为 30 kV，束斑＜0.2 μm，元素分析范围为 Be4～Cf98。

观察结果显示，高岭石是黏土岩的主要矿物，可见鳞片状高岭石[图 3-6(a)]、书页状高岭石[图 3-6(b)]、鳞片状高岭石被蒙脱石包裹[图 3-6(c)]以及被黄铁矿充填的鲕粒状高岭石[图 3-6(d)]。在高岭石黏土岩中发现有碳化植物纤维化石[图 3-6(e)]、碳屑[图 3-6(f)]、碳质及黄铁矿风化的褐铁矿[图 3-6(g)]、锐钛矿[图 3-6(h)]以及沿风化裂隙充填的氧化锰[图 3-6(i)]。

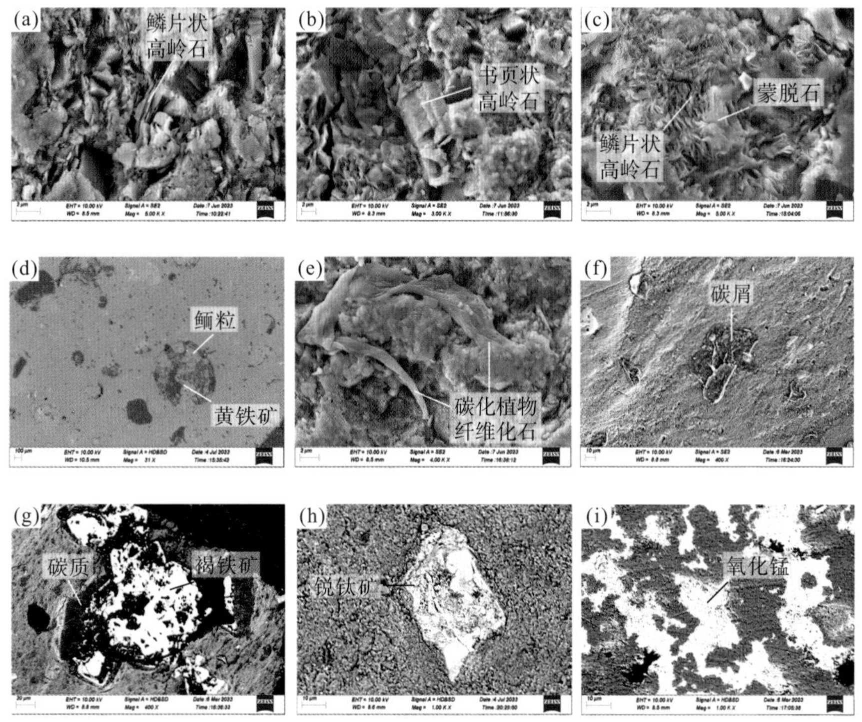

图 3-6　扫描电镜下黏土岩的微观特征

(a)鳞片状高岭石；(b)书页状高岭石；(c)鳞片状高岭石被蒙脱石包裹；(d)被黄铁矿充填的鲕粒状高岭石；(e)碳化植物纤维化石；(f)碳屑；(g)碳质及黄铁矿风化的褐铁矿；(h)锐钛矿；(i)沿风化裂隙充填的氧化锰

第三节　龙潭组黏土岩中锂等关键金属含量特征

一、样品的采集与分析

在兴文地区长宁背斜两翼及转折端约 40km 的长度范围内(图 3-1)，在龙潭组(P_3l)下部 32 个地质调查点位上共采集 40 件黏土岩样品；在叙永地区龙潭组(P_3l)下部 36 个地质调查点位上共采集 43 件样品。83 件样品中，高岭石黏土岩样品 15 件、含黄铁矿高岭石黏土岩(地表风化为褐铁矿化高岭石黏土岩)样品 59 件、碳质高岭石黏土岩样品 9 件。

样品在四川省自然资源实验测试研究中心进行分析测试，Nb、Ta、Ga 采用电感耦合等离子体质谱法(ICP-MS)测定；Li 采用电感耦合等离子体原子发射光谱法(inductively coupled plasma-atomic emission spectroscopy，ICP-AES)测定。岩石样品分析方法的准确度和精密度结果满足《地质矿产实验室测试质量管理规范第 3 部分：岩石矿物样品化学成分分析》(DZ/T 0130.3—2006)的要求。稀土元素分析采用国家标准方法《硅酸盐岩石化学分析方法第 29 部分：稀土等 22 个元素量测定》(GB/T14506.29—2010)，采用电感耦合等离子体质谱法(ICP-MS)进行测试。分析采用国家一级标准物质 GBW07187 (REO 含量为 1.83%)，GBW07188(REO 含量为 4.3%)，GBW07160(REO 含量为 0.486%)，GBW07161(REO 含量为 0.784%)进行监控，分析精度均优于 5%。

二、关键金属含量特征

样品 Li、Nb_2O_5、REO、Ga 等关键金属(氧化物)含量分析结果见表 3-1。

表 3-1 川南地区龙潭组下部黏土岩 Li、Nb_2O_5、REO、Ga 等含量分析结果

兴文地区										
岩性	样号	$Li/10^{-6}$	REO/%	$Ga/10^{-6}$	$Nb_2O_5/10^{-6}$	样号	$Li/10^{-6}$	REO/%	$Ga/10^{-6}$	$Nb_2O_5/10^{-6}$
高岭石黏土岩	CN01-1	133	0.075	64.0	309	CN07-1	77.4	0.121	68.2	222
	CN02-1	68	0.056	60.1	222	CN08-1	33.8	0.076	41.5	146
	CN04-1	32.5	0.086	50.2	169	CN19-1	147	0.167	46.8	176
	CN06-1	115	0.051	73.2	196					
含黄铁矿高岭石黏土岩	CN03-1	145	0.067	56.2	239	CN20-1	80.5	0.100	38.5	186
	CN04-2	44.4	0.100	52.7	245	CN52-2	2053	0.069	34.0	154
	CN05-1	256	0.141	47.6	115	CN55-2	165	0.231	67.3	189
	CN05-2	186	0.068	52.2	177	CN56-1	31.7	0.089	52.5	115
	CN06-2	46.9	0.061	43.9	140	CN57-2	266	0.067	52.8	200
	CN07-2	76.9	0.100	53.9	172	CN58-2	177	0.036	60.6	172
	CN09-2	513	0.031	27.4	93	CN59-1	219	0.038	54.3	176
	CN11-3	243	0.240	63.5	226	CN64-1	40.4	0.051	51.1	163
	CN12-1	107	0.048	53.3	212	CN68-1	84	0.056	66.6	197
	CN13-1	1482	0.041	37.6	139	CN75-2	58.5	0.100	60.3	183
	CN14-1	224	0.176	73.0	245	CN76-1	79.4	0.052	26.5	89
	CN15-1	42.2	0.098	52.6	166	CN77-1	439	0.409	43.9	41
	CN16-1	51.4	0.053	54.7	119	CN79-1	226	0.105	47.4	177
	CN19-2	115	0.127	69.2	217	CN80-1	235	0.038	45.7	134
碳质高岭石黏土岩	CN02-3	143	0.064	61.6	269	CN19-3	118	0.145	64.7	283
	CN09-4	42.4	0.112	48.2	156	CN53-2	51.3	0.075	42.3	146
	CN17-2	76.6	0.095	57.4	263					

续表

叙永地区										
岩性	样号	$Li/10^{-6}$	REO/%	$Ga/10^{-6}$	$Nb_2O_5/10^{-6}$	样号	$Li/10^{-6}$	REO/%	$Ga/10^{-6}$	$Nb_2O_5/10^{-6}$
碳质高岭石黏土岩	XY-01-2	44.2	0.106	64	409	XY-57-4	61.4	0.077	33	104
	XY-35-1	154	0.097	57.7	160	XY-66-2	177	0.076	65.6	296
含黄铁矿高岭石黏土岩	XY-02-1	199	0.098	54.6	173	XY-33-1	149	0.041	49.8	155
	XY-05-2	122	0.062	45.6	152	XY-34-1	322	0.078	49.6	159
	XY-06-1	177	0.034	34.4	126	XY-38-1	231	0.050	55.6	193
	XY-09-1	344	0.061	71.9	247	XY52-1	214	0.109	58.7	156
	XY-10-1	213	0.054	49.3	192	XY-53-1	278	0.061	46.8	230
	XY-15-2	73.6	0.046	56.5	189	XY-54-1	67.3	0.066	37.3	236
	XY-16-2	229	0.028	55.3	173	XY-56-2	804	0.078	65	332
	XY-17-1	129	0.062	51.6	152	XY-57-2	133	0.055	66.1	202
	XY-19-1	117	0.045	42.4	147	XY-58-3	250	0.046	39.9	203
	XY-20-1	228	0.037	40.5	159	XY-59-2	1378	0.099	78.9	534
	XY-23-1	244	0.034	45.8	226	XY-60-2	238	0.046	62.4	285
	XY-25-1	305	0.087	60.8	200	XY-61-2	270	0.046	63	197
	XY-26-1	315	0.038	43.8	173	XY-62-1	292	0.225	61.8	179
	XY-27-1	178	0.068	52.4	193	XY-69-2	134	0.068	41.9	163
	XY-29-1	282	0.074	64.1	206	XY-70-2	158	0.072	54.5	193
	XY-31-1	422	0.127	48.8	205					
高岭石黏土岩	XY-03-1	287	0.044	54.9	189	XY-54-2	237	0.082	73.2	349
	XY-15-1	92.8	0.091	53.3	142	XY-59-1	341	0.051	61.6	255
	XY-17-2	143	0.062	73	369	XY-61-1	284	0.062	57.9	216
	XY-22-1	91.4	0.106	48	157	XY-66-1	292	0.066	51	258

1. 兴文地区关键金属含量特征

兴文地区(表 3-1)，40 件样品中 Li 含量变化大，为 31.7×10^{-6}～2053×10^{-6}，平均为 218.1×10^{-6}，有 8 件样品 Li 含量为 232×10^{-6}～2053×10^{-6}，达到了铝土矿中锂综合利用的指标(Li_2O 含量≥0.05%，Li 含量≥232×10^{-6})，均为含黄铁矿高岭石黏土岩。Ga 含量为 26.5×10^{-6}～73.2×10^{-6}，平均为 52.9×10^{-6}，仅有 2 件样品含量低于现行的镓矿资源工业指标要求(30×10^{-6})。Nb_2O_5 含量为 41×10^{-6}～309×10^{-6}，平均为 181×10^{-6}，除 1 件样品外，其余均达到了风化壳型铌矿的边界品位(80×10^{-6})，27 件样品达到风化壳型铌矿的最低工业品位(160×10^{-6})。REO 含量变化大，为 0.031%～0.409%，平均为 0.098%，有 34 件样品 REO 含量达到了风化壳型矿床边界品位 0.05%，19 件样品的 REO 含量达到了最低工业品位 0.08%，最大值为 0.409%，其中有 22 件含黄铁矿高岭石黏土岩样品达到了风化壳

型矿床边界品位，占所有达标样品的 64.7%，有 13 件样品的含量在 0.08%及以上，是稀土氧化物矿化富集的主要岩性。

箱形图(图 3-7)显示，Li 含量变化最大，有 3 个异常值分别是 513×10^{-6}、1482×10^{-6}、2053×10^{-6}，中位数为 115×10^{-6}，低于铝土矿中锂综合利用的指标。REO 含量变化较大，有 2 个异常值，分别为 0.240%、0.409%，中位数为 0.076%，高于风化壳型矿床最低边界品位，接近最低工业品位。Nb_2O_5、Ga 含量变化较小，Nb_2O_5 含量中位数为 176×10^{-6}，达到了风化壳铌矿的最低工业品位，Ga 含量中位数为 52.8×10^{-6}，高于镓矿资源工业指标。

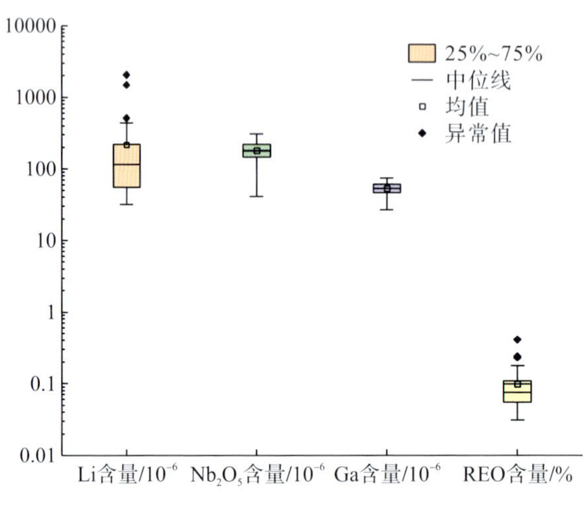

图 3-7　兴文地区关键金属含量箱形图

上述样品含量及统计分析结果表明，川南兴文地区上二叠统龙潭组下部高岭石黏土岩中富集 Li、REE、Nb、Ga 等关键金属，是一个多种关键金属的富集层。但相较而言，Li 元素富集程度相对较低，该区域更显著地富集 REE、Nb、Ga 等关键金属。

不同岩(矿)石类型中 Li 等关键金属含量存在一定的差异，按照高岭石黏土岩、含黄铁矿高岭石黏土岩及碳质高岭石黏土岩三种类型，对 Li、Nb_2O_5、Ga、REO 的含量进行了统计，统计结果见表 3-2。

Li 元素在含黄铁矿高岭石黏土岩中含量最高，矿化系数变化大，为 0.14～8.85，矿化率为 28.6%，高岭石黏土岩、碳质高岭石黏土岩 Li 含量低，均未达到矿化标准。Nb_2O_5、Ga、REO 等在三种岩石类型中均具有很高的矿化率，为 78.6%～100%，Nb_2O_5、Ga 的最高矿化系数基本相同，而 REO 在含黄铁矿高岭石黏土岩中最高矿化系数远高于高岭石黏土岩、碳质高岭石黏土岩，表明其 REO 含量相对更高。综合上述矿化系数、矿化率以及各岩性层的厚度，兴文地区龙潭组下部含黄铁矿高岭石黏土岩是本区主要的关键金属富集岩(矿)石。

表 3-2 兴文地区不同岩(矿)石 Li、Nb_2O_5、Ga、REO 特征统计表

元素(氧化物)	岩性	样品数/件	最小值/10^{-6}	最大值/10^{-6}	平均值/10^{-6}	中值/10^{-6}	矿化系数	矿化率/%
Li	高岭石黏土岩	7	32.5	147	86.7	77.4	0.14～0.63	0
	含黄铁矿高岭石黏土岩	28	31.7	2053	274.5	155	0.14～8.85	28.6
	碳质高岭石黏土岩	5	42.4	143	86.3	76.6	0.18～0.62	0
	总计	40	31.7	2053	218.1	115	0.14～8.85	20
Nb_2O_5	高岭石黏土岩	7	146	309	206	196	1.83～3.86	100
	含黄铁矿高岭石黏土岩	28	41	245	167	174	0.51～3.06	96.4
	碳质高岭石黏土岩	5	146	283	223	263	1.83～3.54	100
	总计	40	41	309	181	176.5	0.51～3.86	97.5
Ga	高岭石黏土岩	7	41.5	73.2	57.7	60.1	1.38～2.44	100
	含黄铁矿高岭石黏土岩	28	26.5	73	51.4	52.65	0.88～2.43	92.9
	碳质高岭石黏土岩	5	42.3	64.7	54.8	57.4	1.41～2.16	100
	总计	40	26.5	73.2	52.9	52.75	0.88～2.44	95
REO	高岭石黏土岩	7	0.051	0.167	0.090	0.076	1.01～3.35	100
	含黄铁矿高岭石黏土岩	28	0.031	0.409	0.100	0.069	0.61～8.19	78.6
	碳质高岭石黏土岩	5	0.064	0.145	0.098	0.095	1.27～2.89	100
	总计	40	0.031	0.409	0.098	0.076	0.61～8.19	85

注：矿化系数无量纲；矿化系数=矿化元素质量分数/边界品位；矿化率为矿化系数大于 1 的样品占总样品的百分数；Li 边界品位采用铝土矿中锂综合利用指标(232×10^{-6})，Nb_2O_5 边界品位采用风化壳型铌矿(80×10^{-6})，Ga 边界品位采用现行的镓矿资源工业指标要求(30×10^{-6})，REO 边界品位参照风化壳型矿床一般工业指标取值为 0.05%。

2. 叙永地区关键金属含量特征

叙永地区(表 3-1)，43 件样品中 Li 含量变化大，为 44.2×10^{-6}～1378×10^{-6}，平均为 249×10^{-6}，有 18 件样品 Li 含量为 238×10^{-6}～1378×10^{-6}，达到了铝土矿中锂综合利用的指标(Li_2O 含量≥0.05%，Li 含量≥232×10^{-6})，其中 14 件样品为含黄铁矿高岭石黏土岩。Ga 含量为 33.0×10^{-6}～78.9×10^{-6}，平均为 54.5×10^{-6}，均达到现行的镓矿资源工业指标要求(30×10^{-6})。Nb_2O_5 含量为 104×10^{-6}～534×10^{-6}，平均为 215×10^{-6}，均达到了风化壳型铌矿的边界品位(80×10^{-6})，其中 32 件样品达到风化壳型铌矿的最低工业品位(160×10^{-6})。REO 含量变化大，为 0.028%～0.225%，平均为 0.070%，有 31 件样品的 REO 含量达到了风化壳型矿床边界品位 0.05%，11 件样品的 REO 含量达到了最低工业品位 0.08%，最大值为 0.225%，其中有 20 件含黄铁矿高岭石黏土岩样品达到了风化壳型矿床边界品位，占所有达标样品的 64.5%，有 6 件样品的含量在 0.08%及以上，是稀土氧化物矿化富集的主要岩性组合。

箱形图(图 3-8)显示 Li 含量变化最大，有 2 个异常值分别是 1378×10^{-6}、804×10^{-6}，中位数为 228×10^{-6}，略低于铝土矿中锂综合利用的指标。稀土氧化物含量变化较大，有 1 个异常值，为 0.225%，中位数为 0.062%，高于风化壳型矿床边界品位。Nb_2O_5 含量变化较大，有 3 个异常值，分别 534×10^{-6}、409×10^{-6}、369×10^{-6}，中位数 193×10^{-6}，达到了风化壳铌矿的最低工业品位。Ga 含量变化较小，中位数为 54.6×10^{-6}，高于镓矿资源工业指标。

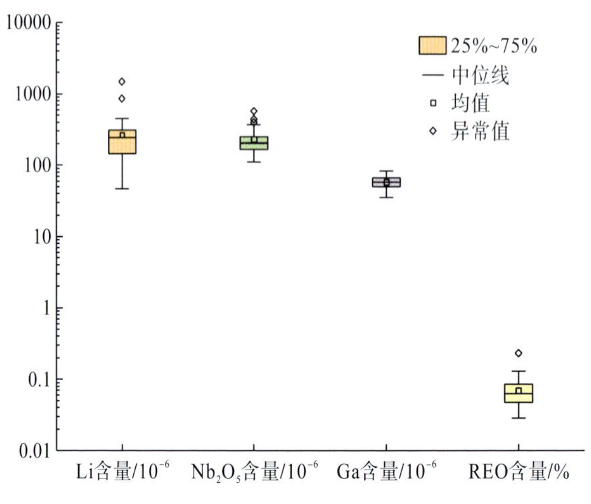

图 3-8 叙永地区 Li 等关键金属含量箱形图

上述样品含量及统计分析结果表明，川南叙永地区上二叠统龙潭组下部高岭石黏土岩中富集 Li、REE、Nb、Ga 等关键金属，是一个多种关键金属的富集层。

按照高岭石黏土岩、含黄铁矿高岭石黏土岩及碳质高岭石黏土岩三种类型，对 Li、Nb_2O_5、Ga、REO 的含量进行了统计，以确定不同岩(矿)石类型含量的差异，统计结果见(表 3-3)。

表 3-3 叙永地区不同岩(矿)石 Li、Nb_2O_5、Ga、REO 特征统计表

元素(氧化物)	岩性	样品数/件	最小值/10^{-6}	最大值/10^{-6}	平均值/10^{-6}	中值/10^{-6}	矿化系数	矿化率/%
Li	高岭石黏土岩	8	91.4	341	221	260	0.39～1.47	62.5
	含黄铁矿高岭石黏土岩	31	67.3	1378	274	229	0.29～5.94	45.16
	碳质高岭石黏土岩	4	44.2	177	109	108	0.19～0.76	0
	总计	43	44.2	1378	249	228	0.19～5.94	44.19
Nb_2O_5	高岭石黏土岩	8	142	369	242	236	1.78～4.61	100
	含黄铁矿高岭石黏土岩	31	126	534	204	193	1.58～6.68	100
	碳质高岭石黏土岩	4	104	409	242	228	1.30～5.10	100
	总计	43	104	534	215	193	1.30～6.68	100

续表

元素（氧化物）	岩性	样品数/件	最小值/10^{-6}	最大值/10^{-6}	平均值/10^{-6}	中值/10^{-6}	矿化系数	矿化率/%
Ga	高岭石黏土岩	8	48	73.2	59.1	56.4	1.60～2.44	100
	含黄铁矿高岭石黏土岩	31	34.4	78.9	53.2	52.4	1.20～2.63	100
	碳质高岭石黏土岩	4	33	65.6	55.1	60.8	1.10～2.19	100
	总计	43	33	78.2	54.5	54.6	1.10～2.63	100
REO	高岭石黏土岩	8	0.044	0.106	0.071	0.064	0.88～2.12	87.5
	含黄铁矿高岭石黏土岩	31	0.028	0.225	0.068	0.061	0.56～4.50	64.5
	碳质高岭石黏土岩	4	0.076	0.106	0.089	0.087	1.52～2.12	100
	总计	43	0.028	0.225	0.07	0.062	0.56～4.5	72.1

注：矿化系数无量纲；矿化系数=矿化元素质量分数/边界品位；矿化率为矿化系数大于 1 的样品所占总样品的百分数；Li 边界品位采用铝土矿中锂综合利用的指标（232×10^{-6}），Nb_2O_5 边界品位采用风化壳型铌矿（80×10^{-6}），Ga 边界品位采用现行的镓矿资源工业指标要求（30×10^{-6}），REO 边界品位参照风化壳型矿床一般工业指标取值为 0.05%。

与兴文地区相比较，叙永地区 Li 的富集程度更高，43 件样品中有近一半达到了铝土矿中锂综合利用的指标。Li 元素在含黄铁矿高岭石黏土岩、高岭石黏土岩中含量较高，矿化系数变化大，为 0.29～5.94，矿化率为 45.16%～62.5%，含黄铁矿高岭石黏土岩的矿化系数最高为 5.94，表明其 Li 元素富集程度最高，碳质高岭石黏土岩 Li 含量低，均未达到矿化标准。Nb_2O_5、Ga 在三种岩石类型中矿化率均达到了 100%，矿化系数差别不大，分别为 1.30～6.68、1.10～2.63，含黄铁矿高岭石黏土岩的矿化系数高于其他两类岩石，富集程度相对更高。与兴文地区相比，Nb_2O_5、Ga 的矿化率略高，Nb_2O_5 矿化系数显著高于兴文样品，表明叙永地区黏土岩中 Nb_2O_5 含量更高。REO 在高岭石黏土岩、含黄铁矿高岭石黏土岩中矿化率相对较低，为 64.5%～87.5%，在碳质高岭石黏土岩中达到 100%，但含黄铁矿高岭石黏土岩中的矿化系数最高，达 4.50，表明其 REO 含量相对更高。与兴文地区相比，矿化率大致相同，但矿化系数较低，其稀土氧化物含量总体上低于兴文地区。

第四章　关键金属富集规律和赋存状态

通过对研究区上二叠统龙潭组下部黏土岩地质调查及样品分析，确定了黏土岩中富集 Li、Nb、REE、Ga 等关键金属，是一个多种关键金属的富集层。由于研究区地表覆盖严重，岩石风化强烈，新鲜、连续的野外露头难以发现，为了进一步分析研究 Li 等关键金属含矿层的组成、元素含量变化特征以及元素富集的影响因素等问题，本次研究主要通过对揭穿龙潭组下部黏土岩的浅钻(钻孔编号 ZK03、ZK04 和 ZK05)所获得的连续、较新鲜的岩心进行较为系统的观察和样品分析测试，以揭示 Li 等元素超常富集的机理及成矿规律。

第一节　含矿层组成及关键金属含量特征

一、ZK03 钻孔含矿层组成及关键金属含量

钻孔位于兴文县城南东约 5 km 处(图 3-1)，钻孔揭穿了龙潭组下部高岭石黏土岩，终孔于茅口组灰岩，孔深 20 m，根据岩性分层连续采集岩心样品 21 件。ZK03 号钻孔的分层、岩性特征及样品位置见图 4-1。样品在四川省自然资源实验测试研究中心进行分析测试，Al_2O_3、CaO、K_2O、MgO、MnO、Na_2O、SiO_2、TFe、TiO_2 采用 X 射线荧光光谱法(X-ray fluorescence spectrometry，XRF)测定。样品的分析结果见表 4-1、图 4-2。

ZK03 钻孔除第四系残坡积物以外，自上而下分为含菱铁矿高岭石黏土岩层、碳质黏土岩夹煤层、含黄铁矿高岭石黏土岩、黄铁矿层、含黄铁矿高岭石黏土岩、三水铝石与埃洛石混层以及茅口组(P_2m)灰岩层[图 4-1，图 4-3(a)、(b)]。

钻孔中各岩性分层的地质情况及 Li 等关键金属元素含量特征分述如下。

(1)含菱铁矿高岭石黏土岩层(ZK03-3～ZK03-4，厚度为 6.58 m)。灰色-深灰色，见少量黄铁矿团块，水平层理发育。菱铁矿夹层厚度为 10～20 cm，具泥质粉晶结构，由菱铁矿、泥质等组成，菱铁矿含量为 60%～70%，粒径为 0.03～0.06 mm [图 4-3(c)]；黏土质主要为隐晶状，部分可见微细鳞片状高岭石和伊利石，含量在 30%左右；碳质呈黑色粉末状散布于黏土质、菱铁矿间，含量在 3%左右，还含有少量黄铁矿等金属矿物。Li 含量低，为 15.0×10^{-6}～41.1×10^{-6}。Nb 含量为 67.5×10^{-6}～104×10^{-6}(Nb_2O_5 含量为 96.6×10^{-6}～149×10^{-6})，达到了风化壳型矿床边界品位(Nb_2O_5 含量为 80×10^{-6})。Ga 含量为 30.8×10^{-6}～38.2×10^{-6}，4 件

样品均达到了镓资源工业指标要求(Ga 含量为 30×10^{-6})。稀土氧化物含量为0.053%～0.078%，均达到了风化壳型矿床的边界品位(REO 含量为 0.05%)。

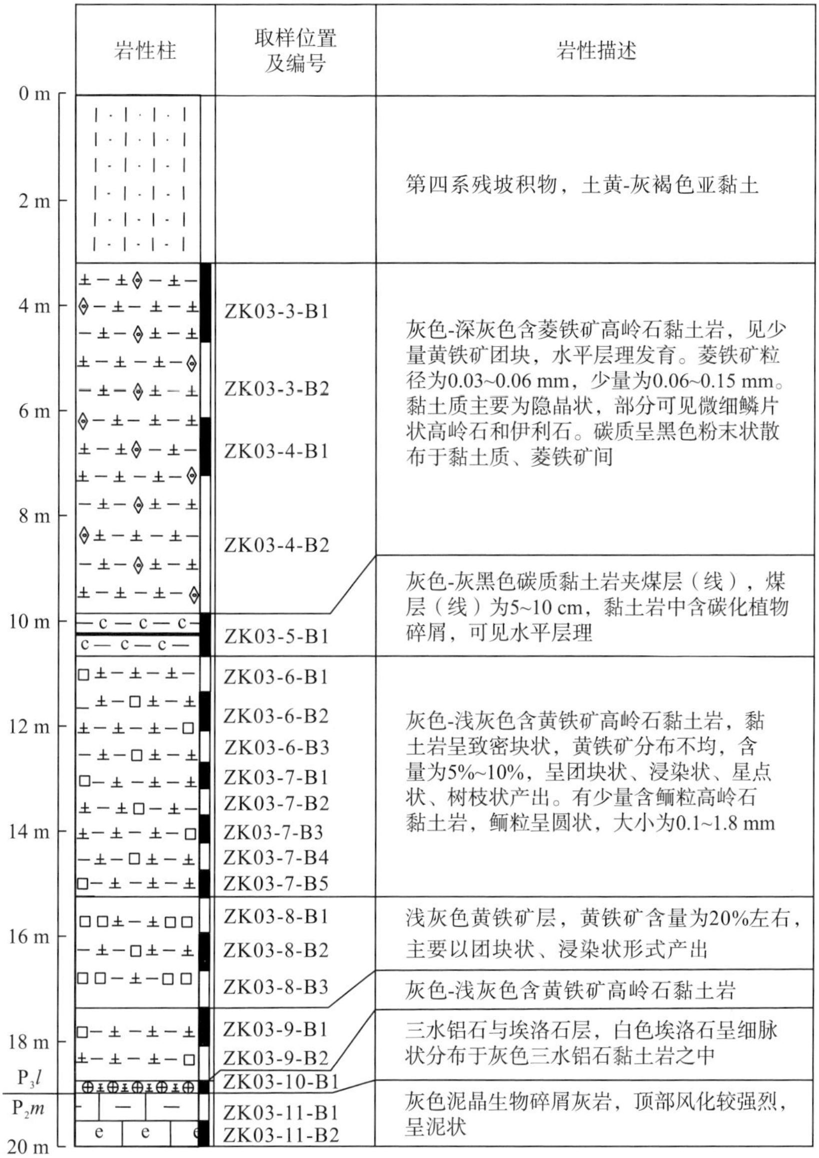

岩性柱	取样位置及编号	岩性描述
0～3.2 m		第四系残坡积物，土黄-灰褐色亚黏土
	ZK03-3-B1 ZK03-3-B2 ZK03-4-B1 ZK03-4-B2	灰色-深灰色含菱铁矿高岭石黏土岩，见少量黄铁矿团块，水平层理发育。菱铁矿粒径为0.03~0.06 mm，少量为0.06~0.15 mm。黏土质主要为隐晶状，部分可见微细鳞片状高岭石和伊利石。碳质呈黑色粉末状散布于黏土质、菱铁矿间
10 m	ZK03-5-B1	灰色-灰黑色碳质黏土岩夹煤层（线），煤层（线）为5~10 cm，黏土岩中含碳化植物碎屑，可见水平层理
	ZK03-6-B1 ZK03-6-B2 ZK03-6-B3 ZK03-7-B1 ZK03-7-B2 ZK03-7-B3 ZK03-7-B4 ZK03-7-B5	灰色-浅灰色含黄铁矿高岭石黏土岩，黏土岩呈致密块状，黄铁矿分布不均，含量为5%~10%，呈团块状、浸染状、星点状、树枝状产出。有少量含鲕粒高岭石黏土岩，鲕粒呈圆状，大小为0.1~1.8 mm
16 m	ZK03-8-B1 ZK03-8-B2	浅灰色黄铁矿层，黄铁矿含量为20%左右，主要以团块状、浸染状形式产出
	ZK03-8-B3	灰色-浅灰色含黄铁矿高岭石黏土岩
18 m	ZK03-9-B1 ZK03-9-B2	三水铝石与埃洛石层，白色埃洛石呈细脉状分布于灰色三水铝石黏土岩之中
P_3l	ZK03-10-B1	
P_2m (20 m)	ZK03-11-B1 ZK03-11-B2	灰色泥晶生物碎屑灰岩，顶部风化较强烈，呈泥状

图 4-1　ZK03 钻孔岩性分层及取样位置

表 4-1 ZK03 钻孔岩心样品元素含量分析结果

样号	岩性	Li $/10^{-6}$	Nb $/10^{-6}$	Ga $/10^{-6}$	REO /%	Nb_2O_5 $/10^{-6}$	SiO_2 /%	Al_2O_3 /%	TFe /%	CaO /%	K_2O /%	Na_2O /%	MgO /%	TiO_2 /%
ZK03-3-B1	含菱铁矿高岭石黏土岩	32.2	67.5	30.8	0.053	96.6	46.29	15.96	16.21	0.23	1.37	0.45	0.71	2.65
ZK03-3-B2		41.1	69.2	34.7	0.055	99	39.67	16.79	17.83	0.50	1.43	0.41	0.88	2.88
ZK03-4-B1		15.0	104	38.2	0.078	149	49.15	19.51	7.29	0.72	2.48	0.51	1.26	3.36
ZK03-4-B2		16.1	82.1	34	0.065	117	42.99	17.44	11.8	1.22	1.93	0.54	2.15	2.46
ZK03-5-B1	碳质黏土岩夹煤层	90.8	170	56	0.113	243	31.92	21.04	4.13	0.17	0.67	0.81	0.28	1.37
ZK03-6-B1	含黄铁矿高岭石黏土岩	282	287	66.4	0.107	411	42.12	35.10	1.90	0.15	0.18	0.28	0.04	2.31
ZK03-6-B2		379	220	66.7	0.081	315	41.51	36.06	3.08	0.07	0.2	0.19	0.10	2.58
ZK03-6-B3		386	217	64.3	0.060	310	40.6	35.04	3.25	0.07	0.15	0.17	0.09	3.06
ZK03-7-B1		444	161	55.2	0.048	230	40.71	35.08	3.11	0.09	0.12	0.117	0.15	3.34
ZK03-7-B2		315	108	42.7	0.037	155	28.14	24.09	16.23	0.1	0.11	0.12	0.15	2.44
ZK03-7-B3		391	134	42.3	0.041	192	36.52	31.33	7.84	0.08	0.14	0.19	0.13	3.41
ZK03-7-B4		281	105	41.5	0.050	150	32.4	27.98	11.28	0.5	0.14	0.21	0.11	3.54
ZK03-7-B5		295	145	45	0.081	207	43.17	28.85	4.81	0.05	0.11	0.1	0.09	5.56
ZK03-8-B1	黄铁矿层	66.9	99.8	50.4	0.048	143	32.43	12.03	26.55	0.05	0.34	0.5	0.153	4.26
ZK03-8-B2		43.5	96.3	54.4	0.038	138	21.25	9.10	37.34	0.05	0.23	0.41	0.18	4.27
ZK03-8-B3		77.7	108	75.4	0.034	155	32.61	13.85	25.91	0.09	0.18	0.25	0.20	4.29
ZK03-9-B4	含黄铁矿高岭石黏土岩	184	114	62.1	0.053	163	30.58	24.25	18.89	0.13	0.36	0.38	0.16	4.86
ZK03-9-B5		266	50.5	30.5	0.068	72.2	32.55	35.02	7.31	0.13	0.63	0.26	0.28	1.74
ZK03-10-B1	三水铝石与埃洛石混层	214	25.2	19.8	0.171	36.05	13.09	50.43	3.59	0.19	0.35	0.1	0.10	0.78
ZK03-11-B1	灰岩	27.1	11.5	5.72	0.048	16.45	2.73	4.08	0.75	45.7	0.08	0.05	0.34	0.19
ZK03-11-B2		18.6	8.43	3.69	0.005	12.06	1.76	1.21	0.49	50.8	0.07	0.05	0.40	0.13

样号	岩性	Ta $/10^{-6}$	Co $/10^{-6}$	Ni $/10^{-6}$	Zr $/10^{-6}$	Hf $/10^{-6}$	U $/10^{-6}$	Th $/10^{-6}$	Ni/Co	Zr/Hf	Nb/Ta	δU	CIA
ZK03-3-B1	含菱铁矿高岭石黏土岩	4.42	90.2	77.9	457	11.3	10.7	2.76	0.86	40.4	15.3	1.84	87.74
ZK03-3-B2		4.96	86.5	94.9	482	11.6	11	2.88	1.10	41.6	14.0	1.84	88.26
ZK03-4-B1		7.73	37.9	58	690	17.1	17	4.96	1.53	40.4	13.5	1.82	84.65
ZK03-4-B2		6.18	42.4	48.6	579	14.2	14.8	3.75	1.15	40.8	13.3	1.84	85.35
ZK03-5-B1	碳质黏土岩夹煤层	13.2	6.36	18.6	1440	34.7	35	17	2.92	41.5	12.9	1.72	91.07
ZK03-6-B1	含黄铁矿高岭石黏土岩	21.6	7.04	53.5	2372	57.8	57.2	16.1	7.60	41.0	13.3	1.83	98.15
ZK03-6-B2		16.5	8.99	80.8	1961	47.7	46.6	9.66	8.99	41.1	13.3	1.87	98.55
ZK03-6-B3		17.1	7.51	81	1880	45.7	42.5	13.3	10.79	41.1	12.7	1.81	98.75

续表

样号	岩性	Ta/10^{-6}	Co/10^{-6}	Ni/10^{-6}	Zr/10^{-6}	Hf/10^{-6}	U/10^{-6}	Th/10^{-6}	Ni/Co	Zr/Hf	Nb/Ta	δU	CIA
ZK03-7-B1	含黄铁矿高岭石黏土岩	12	13.5	94.9	1448	35.8	33.8	9.46	7.03	40.4	13.4	1.83	99.09
ZK03-7-B2		7.72	19.2	142	919	22.5	24	5.32	7.40	40.8	14.0	1.86	98.69
ZK03-7-B3		10.1	15.5	109	1293	31.9	26.3	6.29	7.03	40.5	13.3	1.85	98.53
ZK03-7-B4		7.89	17.1	88.8	918	22.8	26.8	10.5	5.19	40.3	13.3	1.77	98.23
ZK03-7-B5		10.9	13.8	85.8	1233	30.6	30.3	15.9	6.22	40.3	13.3	1.70	99.02
ZK03-8-B1	黄铁矿层	7.2	3.00	20.2	800	17.6	21.8	13.4	6.73	45.5	13.9	1.66	91.01
ZK03-8-B2		7.36	1.33	10.9	716	15.5	20.4	17.2	8.20	46.2	13.1	1.56	90.77
ZK03-8-B3		8.02	2.21	13.7	843	18.7	24.1	16.7	6.20	45.1	13.5	1.62	95.79
ZK03-9-B4	含黄铁矿高岭石黏土岩	8.42	5.15	40.6	885	20.6	27	16.4	7.88	43.0	13.5	1.66	95.97
ZK03-9-B5		3.79	63.6	225	401	10.7	17.4	9.64	3.54	37.5	13.3	1.69	96.92
ZK03-10-B1	三水铝石与埃洛石混层	1.9	93.4	410	182	5.87	5.17	10.6	4.39	31.0	13.3	1.19	98.93
ZK03-11-B1	灰岩	0.99	6.91	51.5	86.2	1.93	4.39	2.42					
ZK03-11-B2		0.79	3.57	17.2	54.7	1.09	5.62	1.54					

注：化学蚀变指数 CIA=[Al_2O_3/(Al_2O_3+CaO*+Na_2O+K_2O)]×100，式中化学成分的含量均为物质的量，CaO*是指存在于硅酸盐矿物中的 CaO，Mclennan 等(1993)认为当 CaO 的物质的量大于 Na_2O 的物质的量时，可以认为 mCaO*＝$m$$Na_2O$，而小于 Na_2O 的物质的量时则 mCaO*＝mCaO。

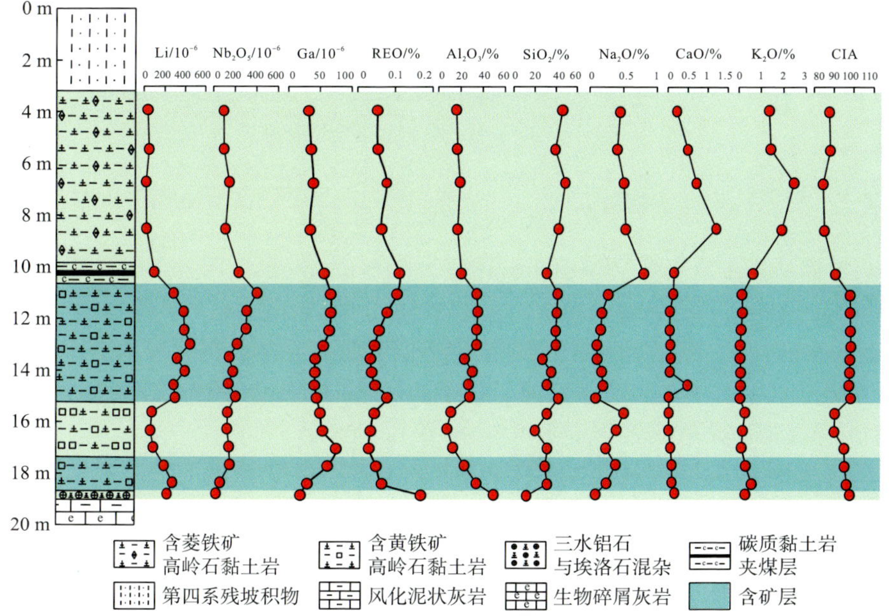

图 4-2　ZK03 钻孔元素含量及参数曲线图

图 4-3　ZK03 号钻孔岩心及岩性特征

(a)、(b) 岩心照片；(c) 菱铁矿层；(d) 碳质黏土岩；(e) 含黄铁矿高岭石黏土岩中的碳屑；(f) 含鲕粒高岭石黏土岩；(g) 星点状黄铁矿；(h)、(i) 树枝状黄铁矿；(j) 团块状黄铁矿；(k) 三水铝石与埃洛石混层；(l) 生物碎屑灰岩。Kln-高岭石；Py-黄铁矿；Sd-菱铁矿

(2) 碳质黏土岩夹煤层（ZK03-5，厚度为 0.93 m）。灰黑色［图 4-3(d)］，煤层（线）厚度为 2～10 cm。该层 Li 含量低，为 90.8×10^{-6}。Nb 含量较高，为 170×10^{-6}（Nb_2O_5 含量为 243×10^{-6}），达到了风化壳型矿床最低工业品位（Nb_2O_5 含量为 160×10^{-6}）。Ga 含量为 56×10^{-6}，达到了镓资源工业指标要求；REO 含量较高，为 0.113%，达到了风化壳型矿床最低工业品位（REO 含量为 0.08%）。

(3) 含黄铁矿高岭石黏土岩（ZK03-6～ZK03-7，厚度为 4.61 m；ZK03-9，厚度为 1.36 m）。钻孔中有 2 层含黄铁矿高岭石黏土岩（上层 ZK03-6～ZK03-7，厚度为 4.61 m；下层 ZK03-9，厚度为 1.36 m）。灰色-浅灰色，不均匀分布有星点状、团块状黄铁矿，局部发育水平层理，在层理面上普遍见有黑色碳屑分布［图 4-3(e)］。高岭石黏土岩主要为致密块状，可见具鲕粒构造的高岭石黏土岩［图 4-3(f)］，鲕粒杂乱分布于黏土质中，呈圆状，大小为 0.1～1.8 mm，含量为 30%，由黏土质、碳质组成，黏土质由微细鳞片状高岭石和伊利石组成，内部可见金属矿物(黄铁矿)充填，鲕粒之间由黏土质、碳质等组成，黏土质呈隐晶状，少量为微细鳞片状高岭石。黄铁矿含量为 5%～10%，星点状黄铁矿大小为 1～2 mm[图 4-3(g)]，团块状一般呈 2～3 cm 的树枝状分布[图 4-3(h)、(i)]，由细小黄铁矿颗粒组成。上层，Li 含量为 282×10^{-6}～444×10^{-6}，所有 8 件样品均达到铝土矿中锂综合利用的指标(Li 含量为 232×10^{-6}、Li_2O 含量为 0.05%)。Nb 含量为 105×10^{-6}～287×10^{-6}(Nb_2O_5 含量为 150×10^{-6}～411×10^{-6})，全部样品均达到了风化壳型矿床边界品位，除 2 件样品外，其余均达到风化壳型矿床最低工业品位。Ga 含量为 41.5×10^{-6}～66.7×10^{-6}，均达到了镓资源工业指标要求。REO 含量变化较大，为 0.037%～0.107%，5 件样品达到了风化壳型矿床边界品位，其中 3 件样品的 REO 含量为 0.081%～0.107%，达到了风化壳型矿床最低工业品位。下层，Li 含量为 184×10^{-6}～266×10^{-6}，2 件样品中有 1 件达到综合利用的指标。Nb 含量为 50.5×10^{-6}～114×10^{-6}(Nb_2O_5 含量为 72.2×10^{-6}～163×10^{-6})，有 1 件达到最低工业品位。Ga 含量为 30.5×10^{-6}～62.1×10^{-6}，均达到了镓资源工业指标要求。REO 含量为 0.053%～0.068%，达到了风化壳型矿床边界品位。

(4)黄铁矿层(ZK03-8，厚度为 2.04 m)。浅灰色(部分风化为鲜亮的褐黄色)，黄铁矿含量为 20%左右，主要以团块状[图 4-3(j)]、树枝状集合体形式产出，部分黄铁矿风化为褐铁矿。Li 含量显著降低，为 43.5×10^{-6}～77.7×10^{-6}；Nb 含量为 96.3×10^{-6}～108×10^{-6}(Nb_2O_5 含量为 138×10^{-6}～155×10^{-6})，均达到风化壳型矿床边界品位；Ga 含量为 50.4×10^{-6}～75.4×10^{-6}，均达到了镓资源工业指标要求；REO 含量为 0.034%～0.048%，低于风化壳型矿床边界品位。

(5)三水铝石与埃洛石混层(ZK03-10，厚度为 0.20 m)。白色埃洛石呈细脉状分布于灰色三水铝石黏土岩之中[图 4-3(k)]。Li 含量相对较高，为 214×10^{-6}，Nb、Ga 含量低，分别为 25.2×10^{-6}(Nb_2O_5 含量为 36×10^{-6})、19.8×10^{-6}，REO 含量高，为 0.171%，达到了风化壳型矿床最低工业指标。

(6)灰岩(ZK03-11，厚度为 1.08 m)。灰色泥晶生物碎屑灰岩[图 4-3(l)]，顶部灰岩风化较强烈，岩心呈泥状。Li、Nb、Ga 含量低，分别为 18.6×10^{-6}～27.1×10^{-6}、8.43×10^{-6}～11.5×10^{-6}、3.69×10^{-6}～5.72×10^{-6}；REO 含量变化大，顶部强烈风化的泥状灰岩为 0.048%，未风化的灰岩为 0.005%。

上述 ZK03 钻孔各岩性层中 Li 等关键金属的含量特征表现为：①含黄铁矿高岭石黏土岩为 Li、Nb、REE、Ga 等关键金属的富集层，所有样品的含量均达到了综合利用指标或边界品位，富集层的顶板为黑色碳质泥岩夹薄煤层(煤线)，底板为茅口组灰岩，岩性标志十分明显；②REO 在除黄铁矿层以外的其他岩性层中均有富集，在茅口组灰岩之上的三水铝石与埃洛石混层含量最高，达到 0.171%，在碳质黏土岩夹煤层中含量也较高，为 0.113%；③Ga、Nb 除在三水铝石与埃洛石混层含量较低，未达到综合利用指标外，其余各岩性层中均达到综合利用指标。

二、ZK04 钻孔含矿层组成及关键金属含量

钻孔位于叙永县城南约 20 km 处(图 3-1)，孔深 14.4 m，钻孔揭穿了龙潭组下部高岭石黏土岩，终孔于茅口组灰岩。钻孔岩心风化较强，采取率较低，根据岩性分层连续采集岩心样品 10 件。ZK04 号钻孔的分层、岩性特征及样品位置见图 4-4，样品的分析结果见表 4-2、图 4-5。

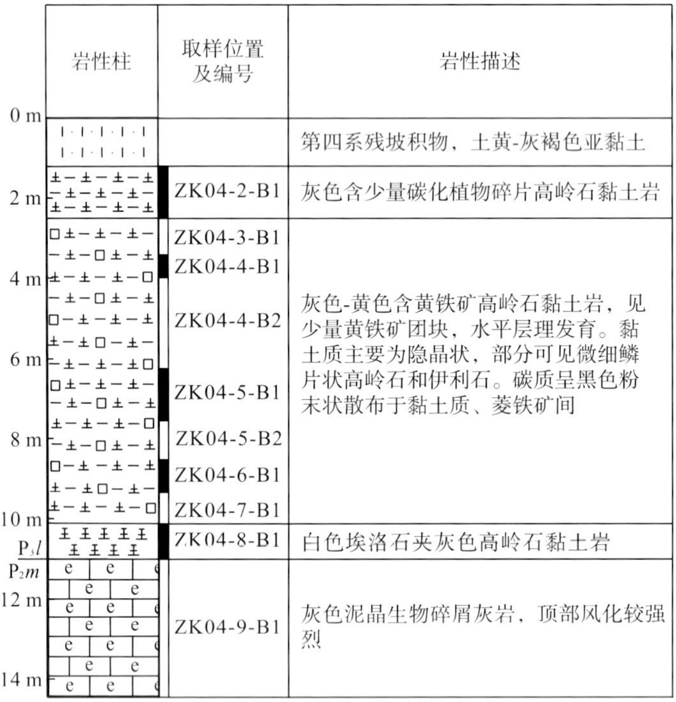

深度	岩性柱	取样位置及编号	岩性描述
0 m			第四系残坡积物，土黄-灰褐色亚黏土
2 m		ZK04-2-B1	灰色含少量碳化植物碎片高岭石黏土岩
4 m 6 m 8 m		ZK04-3-B1 ZK04-4-B1 ZK04-4-B2 ZK04-5-B1 ZK04-5-B2 ZK04-6-B1 ZK04-7-B1	灰色-黄色含黄铁矿高岭石黏土岩，见少量黄铁矿团块，水平层理发育。黏土质主要为隐晶状，部分可见微细鳞片状高岭石和伊利石。碳质呈黑色粉末状散布于黏土质、菱铁矿间
10 m P_3l		ZK04-8-B1	白色埃洛石夹灰色高岭石黏土岩
P_2m 12 m 14 m		ZK04-9-B1	灰色泥晶生物碎屑灰岩，顶部风化较强烈

图 4-4 ZK04 钻孔岩性分层及采样位置

表 4-2 ZK04 钻孔岩心样品元素含量分析结果

样号	岩性	Li $/10^{-6}$	Nb $/10^{-6}$	Ga $/10^{-6}$	REO /%	Nb_2O_5 $/10^{-6}$	SiO_2 /%	Al_2O_3 /%	TFe /%	K_2O /%	MgO /%	Na_2O /%	CaO /%	TiO_2 /%
ZK04-2-B1	高岭石黏土岩	256	268	76.2	0.052	383	41.79	36.03	1.36	0.24	0.05	0.08	0.32	3.51
ZK04-3-B1	含黄铁矿高岭石黏土岩	134	128	49.0	0.031	183	26.28	20.9	24.54	0.32	0.22	0.13	0.16	2.98
ZK04-4-B1		152	144	58.4	0.035	206	27.15	22.82	21.87	0.28	0.15	0.11	0.15	4.1
ZK04-4-B2		161	171	74.2	0.049	245	37.02	31.01	7.15	0.53	0.1	0.09	0.08	6.8
ZK04-5-B1		64.0	129	57.0	0.047	184	20.4	16.4	30.29	0.5	0.19	0.18	0.1	4.52
ZK04-5-B2		27.4	124	82.2	0.076	177	22.66	18.2	28.7	1	0.23	0.28	0.06	5.2
ZK04-6-B1		25.8	92.3	54.7	0.071	132	24.11	19.56	27.6	1.08	0.24	0.22	0.06	3.27
ZK04-7-B1		57.4	138	63.6	0.105	197	27.47	22.89	21.14	0.61	0.18	0.26	0.09	5.42

续表

样号	岩性	Li $/10^{-6}$	Nb $/10^{-6}$	Ga $/10^{-6}$	REO /%	Nb_2O_5 $/10^{-6}$	SiO_2 /%	Al_2O_3 /%	TFe /%	K_2O /%	MgO /%	Na_2O /%	CaO /%	TiO_2 /%
ZK04-8-B1	埃洛石夹高岭石黏土岩	72.7	24.8	19.8	0.154	35.5	40.4	33.8	4.15	0.2	0.05	0.08	0.45	0.69
ZK04-9-B1	生物碎屑灰岩	8.39	6.95	1.63	0.009	9.9	0.86	0.47	0.49	0.02	0.3	0.04	53.8	0.11

样号	岩性	Ta $/10^{-6}$	Co $/10^{-6}$	Ni $/10^{-6}$	Zr $/10^{-6}$	Hf $/10^{-6}$	U $/10^{-6}$	Th $/10^{-6}$	Ni/Co	Zr/Hf	Nb/Ta	δU	CIA
ZK04-2-B1	高岭石黏土岩	21.4	2.52	27.1	2065	50.7	11.8	51.8	10.75	40.73	12.52	0.81	98.92
ZK04-3-B1	含黄铁矿高岭石黏土岩	9.2	7.79	16.4	1015	22.4	7.28	23.5	2.11	45.31	13.91	0.96	97.37
ZK04-4-B1		10.4	4.54	17.5	1142	25.6	10.6	23.5	3.85	44.61	13.85	1.15	97.91
ZK04-4-B2		13	2.74	25.0	1365	33.1	9.94	29.1	9.12	41.24	13.15	1.01	97.72
ZK04-5-B1		9.82	3.32	10.6	957	20.4	8.09	23.9	3.19	46.91	13.14	1.01	95.12
ZK04-5-B2		9.3	1.84	5.84	992	21.6	9.22	23.5	3.17	45.93	13.33	1.08	92.18
ZK04-6-B1		6.58	26.1	61.1	634	14.2	6.58	17.2	2.34	44.65	14.03	1.07	92.73
ZK04-7-B1		10.2	3.46	13.8	1081	24.3	12.6	25.7	3.99	44.49	13.53	1.19	95.45
ZK04-8-B1	埃洛石夹高岭石黏土岩	1.99	885	267	181	5.82	3.31	9.81	0.30	31.10	12.46	1.01	98.97
ZK04-9-B1	生物碎屑灰岩	0.729	11.6	5.88	34.9	0.85	0.65	1.04	0.51				

注：化学蚀变指数 CIA＝$[Al_2O_3/(Al_2O_3+CaO^*+Na_2O+K_2O)]\times100$，式中化学成分的含量均为物质的量，$CaO^*$是指存在于硅酸盐矿物中的CaO，Mclennan等（1993）认为当CaO的物质的量大于Na_2O的物质的量时，可以认为$m\text{CaO}^*=m\text{Na}_2\text{O}$，而小于$Na_2O$的物质的量时则$m\text{CaO}^*=m\text{CaO}$。

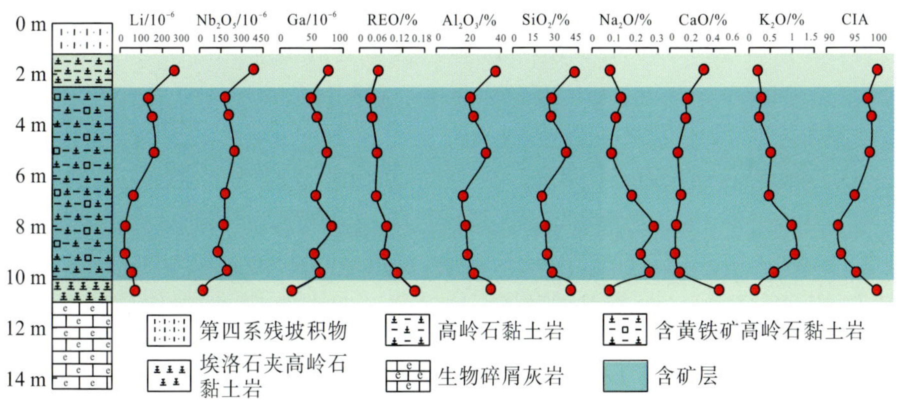

图 4-5　ZK04 钻孔元素含量及参数曲线图

除第四系残坡积物以外，ZK04 钻孔岩心自上而下分为高岭石黏土岩、含黄铁矿高岭石黏土岩、埃洛石夹高岭石黏土岩以及茅口组灰岩。钻孔中未见灰色高岭石黏土岩之上的黑色碳质黏土岩夹薄煤层(煤线)，表明该钻孔未完整揭穿龙潭组下部黏土岩。

钻孔中岩性分层的地质情况及 Li 等关键金属元素含量特征分述如下。

(1)高岭石黏土岩(ZK04-2-B1，厚度为 1.3 m)。灰色，含少量碳化植物化石碎片，见断续水平层理，偶见细小黄铁矿。Li 含量较高，为 256×10^{-6}，达到铝土矿中锂综合利用的指标(Li 含量为 232×10^{-6}、Li_2O 含量为 0.05%)。Nb 含量为 268×10^{-6}(Nb_2O_5 含量为 383×10^{-6})，达到风化壳型矿床最低工业品位(Nb_2O_5 含量为 160×10^{-6})。Ga 含量为 76.2×10^{-6}，达到了镓资源工业指标要求(Ga 含量为 30×10^{-6})。稀土氧化物(REO)含量为 0.052%，达到了风化壳型矿床的边界品位(REO 含量为 0.05%)。

(2)含黄铁矿高岭石黏土岩(ZK04-3-B1～ZK04-7-B1，厚度为 7.6 m)。黄铁矿未风化的岩心为浅灰白色，风化成褐铁矿的岩心呈褐黄色、土黄色。黄铁矿含量为 10%～20%，呈 2～3 cm 的树枝状分布。7 件样品 Li 含量变化较大，为 25.8×10^{-6}～161×10^{-6}，平均为 88.8×10^{-6}，明显低于其上的高岭石黏土岩。该层位于潜水面附近，岩心破碎，样品采取率低，普遍具褐铁矿化，Li 含量明显偏低可能是由于处于潜水面附近遭受淋滤造成的。Nb 含量为 92.3×10^{-6}～171×10^{-6}(Nb_2O_5 含量为 132×10^{-6}～245×10^{-6})，平均为 132×10^{-6}，除 1 件样品外，其余 6 件样品的 Nb_2O_5 含量为 177×10^{-6}～245×10^{-6}，达到了风化壳型矿床最低工业品位。Ga 含量为 49×10^{-6}～82.2×10^{-6}，平均为 62.7×10^{-6}，均达到了镓资源工业指标要求。REO 含量变化较大，为0.031%～0.105%，靠下部的3件样品REO含量为0.071%～0.105%，达到了风化壳型矿床的边界品位，其中 1 件样品达到了最低工业品位(REO 含量为 0.08%)。

(3)埃洛石夹高岭石黏土岩层(ZK04-8-B1，厚度为 0.9 m)。白色埃洛石与灰色高岭石黏土岩混杂分布。Li、Nb、Ga 含量低，分别为 72.7×10^{-6}、24.8×10^{-6}(Nb_2O_5 含量为 35.5×10^{-6})、19.8×10^{-6}；REO 含量高，为 0.154%，达到了风化壳型矿床最低工业品位。

(4)生物碎屑灰岩(ZK04-9-B1，厚度为 1.08 m)。Li、Nb、Ga、REO 含量均低，分别为 8.39×10^{-6}、6.95×10^{-6}、1.63×10^{-6}、0.009%。

上述 ZK04 钻孔各岩性层中 Li 等关键金属的含量特征表现为：①高岭石黏土岩中 Li、Nb、REE、Ga 等关键金属显著富集，均达到了综合利用指标或边界品位；②含黄铁矿高岭石黏土岩由于位于潜水面附近，普遍具褐铁矿化，Li 元素含量相对较低，且含量变化大，可能受到潜水面地下水淋滤的影响，Nb、REE、Ga 等元素的富集程度较高，只有少量样品中 REO 的含量低于边界品位；③茅口组灰岩之上的埃洛石夹高岭石黏土岩层中，REO 的含量最高，达 0.154%，Li、Nb、Ga 等元素含量较低，均未达到边界品位或综合利用指标。

三、ZK05 钻孔含矿层组成及关键金属含量

钻孔位于叙永县城南西约 15 km 处(图 3-1)，揭穿了龙潭组下部高岭石黏土岩，终孔于茅口组灰岩，孔深 22.1 m，根据岩性分层连续采集岩心样品 21 件。ZK05 号钻孔的分层、岩性特征及样品位置见图 4-6，样品的分析结果见表 4-3、图 4-7。

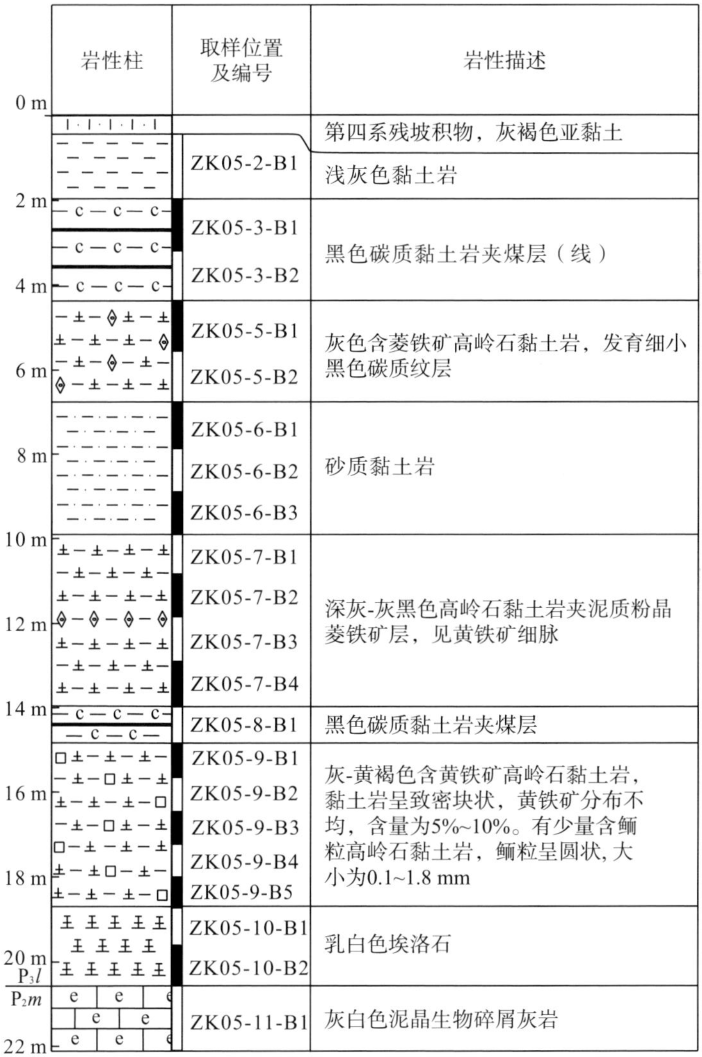

深度	岩性柱	取样位置及编号	岩性描述
0 m			第四系残坡积物，灰褐色亚黏土
		ZK05-2-B1	浅灰色黏土岩
2 m		ZK05-3-B1 ZK05-3-B2	黑色碳质黏土岩夹煤层（线）
4 m		ZK05-5-B1 ZK05-5-B2	灰色含菱铁矿高岭石黏土岩，发育细小黑色碳质纹层
6 m / 8 m		ZK05-6-B1 ZK05-6-B2 ZK05-6-B3	砂质黏土岩
10 m / 12 m		ZK05-7-B1 ZK05-7-B2 ZK05-7-B3 ZK05-7-B4	深灰-灰黑色高岭石黏土岩夹泥质粉晶菱铁矿层，见黄铁矿细脉
14 m		ZK05-8-B1	黑色碳质黏土岩夹煤层
16 m / 18 m		ZK05-9-B1 ZK05-9-B2 ZK05-9-B3 ZK05-9-B4 ZK05-9-B5	灰-黄褐色含黄铁矿高岭石黏土岩，黏土岩呈致密块状，黄铁矿分布不均，含量为5%~10%。有少量含鲕粒高岭石黏土岩，鲕粒呈圆状，大小为0.1~1.8 mm
20 m P_3l		ZK05-10-B1 ZK05-10-B2	乳白色埃洛石
P_2m 22 m		ZK05-11-B1	灰白色泥晶生物碎屑灰岩

图 4-6 ZK05 钻孔岩性分层、采样位置

表 4-3 ZK05 钻孔岩心样品元素分析结果

样号	岩性	Li /10^{-6}	Nb /10^{-6}	Ga /10^{-6}	REO /%	Nb_2O_5 /10^{-6}	SiO_2 /%	Al_2O_3 /%	TFe /%	CaO /%	K_2O /%	Na_2O /%	MgO /%	TiO_2 /%
ZK05-2-B1	黏土岩	10.6	119	49.6	0.091	170	51.26	24.22	2.73	0.91	3.14	0.33	0.74	3.91
ZK05-3-B1	碳质黏土岩夹煤层(线)	12.3	80.5	33.1	0.067	115	51.2	17.04	6.21	0.18	1.83	0.26	0.47	2.21
ZK05-3-B2		9.5	51.9	17.3	0.037	74.2	50.1	8.67	2.81	0.17	0.86	0.18	0.29	1.15
ZK05-5-B1	含菱铁矿高岭石黏土岩	6.25	96.4	36.6	0.068	138	47.94	19.44	10.44	0.25	2.45	0.55	0.58	4.2
ZK05-5-B2		12.5	80.2	34.7	0.059	115	50.67	17.51	10.97	0.47	2.06	0.47	0.63	2.76
ZK05-6-B1	砂质黏土岩	23.7	77.2	31.2	0.055	110	40.72	17.03	17.53	0.35	1.56	0.58	0.65	2.56
ZK05-6-B2		24	79.5	32.4	0.055	114	47.42	17.57	13.1	0.3	1.47	0.59	0.72	2.66
ZK05-6-B3		23	82.8	31.1	0.054	118	47.5	17.24	14.48	0.25	1.47	0.45	0.78	2.74
ZK05-7-B1	高岭石黏土岩夹菱铁矿层	22.4	90.6	33.1	0.062	130	49.87	18.63	10.24	0.48	1.72	0.44	0.96	3.29
ZK05-7-B2		26.9	101	39.8	0.073	144	50.39	20.32	6.41	0.77	2.07	0.44	1.02	3.43
ZK05-7-B3		21.7	77.6	28.0	0.058	111	51.77	13.29	9.57	1.26	1.13	0.32	1.66	1.86
ZK05-7-B4		32.3	77.8	26.2	0.065	111	50.94	14.53	9.04	0.79	0.94	0.21	0.55	1.62
ZK05-8-B1	碳质黏土岩夹煤层(线)	94.2	44.6	20.8	0.051	63.8	16.81	11.2	9.77	0.22	0.37	0.08	0.21	0.74
ZK05-9-B1	含黄铁矿高岭石黏土岩	305	191	55.8	0.085	273	25.82	22.07	20	0.06	0.11	0.05	0.15	1.87
ZK05-9-B2		273	166	59.8	0.070	237	37.36	31.78	8.27	0.06	0.08	0.04	0.07	4.13
ZK05-9-B3		238	181	61.4	0.062	259	37.85	31.98	7.03	0.09	0.08	0.04	0.07	5.34
ZK05-9-B4		353	179	58.8	0.055	256	36.08	30.25	8.11	0.07	0.08	0.04	0.08	7.45
ZK05-9-B5		104	156	67.2	0.051	223	26.42	21.69	22.67	0.07	0.06	0.04	0.13	6.7
ZK05-10-B1	埃洛石层	49.2	17	6.27	0.012	24.3	42.63	35.48	2.33	0.12	0.17	0.05	0.06	0.49
ZK05-10-B2		89	14.9	8.23	0.018	21.3	38.74	36.13	3.07	0.37	0.28	0.08	0.16	0.56
ZK05-11-B1	生物碎屑灰岩	23.1	5.91	3.72	0.058	8.45	1.38	1.56	0.37	51.53	0.03	0.04	0.21	0.07

样号	岩性	Ta /10^{-6}	Co /10^{-6}	Ni /10^{-6}	Zr /10^{-6}	Hf /10^{-6}	U /10^{-6}	Th /10^{-6}	Ni/Co	Zr/Hf	Nb/Ta	δU	CIA
ZK05-2-H1	黏土岩	8.67	20.6	25.1	866	21.7	5.68	21.1	1.22	39.91	13.73	0.89	86.0
ZK05-3-H1	碳质黏土岩夹煤层(线)	6.96	8.58	16.1	575	14.7	3.93	16.1	1.88	39.12	11.57	0.85	87.6
ZK05-3-H2		3.39	11.1	17	402	11	2.92	10.4	1.53	36.55	15.31	0.91	87.6
ZK05-5-H1	含菱铁矿高岭石黏土岩	6.66	55.2	36.4	617	15.4	3.44	13.5	0.66	40.06	14.47	0.87	84.5
ZK05-5-H2		5.88	53.4	65.7	566	14.1	3.53	14.2	1.23	40.14	13.64	0.85	85.3
ZK05-6-H1	砂质黏土岩	5.75	90.2	75.6	483	11.8	2.42	12	0.84	40.93	13.43	0.75	86.5
ZK05-6-H2		5.81	55.8	60.1	513	12.7	2.68	12.9	1.08	40.39	13.68	0.77	87.2
ZK05-6-H3		6.01	50.1	49.5	518	12.7	2.95	13.2	0.99	40.79	13.78	0.80	88.1
ZK05-7-H1	高岭石黏土岩夹菱铁矿层	6.55	29.9	43.1	572	14.3	3.41	13.1	1.44	40.00	13.83	0.88	87.8
ZK05-7-H2		7.43	39.6	55	656	16.5	4.62	16.9	1.39	39.76	13.59	0.90	87.2
ZK05-7-H3		5.95	22.1	25.6	490	12.4	4.06	15.1	1.16	39.52	13.04	0.89	88.3
ZK05-7-H4		6.11	37.7	34	542	13.8	5.22	15.6	0.90	39.28	12.73	1.00	91.4

续表

样号	岩性	Ta /10^{-6}	Co /10^{-6}	Ni /10^{-6}	Zr /10^{-6}	Hf /10^{-6}	U /10^{-6}	Th /10^{-6}	Ni/Co	Zr/Hf	Nb/Ta	δU	CIA
ZK05-8-H1	碳质黏土岩夹煤层(线)	5.23	10.8	29.8	407	10.6	4.38	14.6	2.76	38.40	8.53	0.95	95.4
ZK05-9-H1	含黄铁矿高岭石黏土岩	22.1	3.2	19.3	1532	33.9	11.5	31.1	6.03	45.19	8.64	1.05	99.1
ZK05-9-H2		23.3	1.78	25.2	1451	34.6	10.4	33.2	14.16	41.94	7.12	0.97	99.5
ZK05-9-H3		16.6	2.08	22.3	1380	33.4	11	32.5	10.72	41.32	10.90	1.01	99.5
ZK05-9-H4		14.9	1.87	15.9	1390	33.5	15.8	31.4	8.50	41.49	12.01	1.20	99.5
ZK05-9-H5		11.9	2.14	17.8	1274	28.5	22.2	30.4	8.32	44.70	13.11	1.37	99.4
ZK05-10-H1	埃洛石层	1.27	6.62	71.1	115	4.37	1.59	5.23	10.74	26.32	13.39	0.95	99.3
ZK05-10-H2		1.24	13.4	95	115	4.36	1.67	4.34	7.09	26.38	12.02	1.07	98.8
ZK05-11-H1	生物碎屑灰岩	0.61	7.61	24.2	30.6	0.97	0.76	0.93	3.18	31.55	9.69	1.42	-

注：化学蚀变指数 CIA=[Al_2O_3/(Al_2O_3+CaO*+Na_2O+K_2O)]×100，式中化学成分的含量均为物质的量，CaO*是指存在于硅酸盐矿物中的CaO，Mclennan等(1993)认为当CaO的物质的量大于Na_2O的物质的量时，可以认为mCaO*＝$m$$Na_2O$，而小于$Na_2O$的物质的量时则$m$CaO*＝$m$CaO。

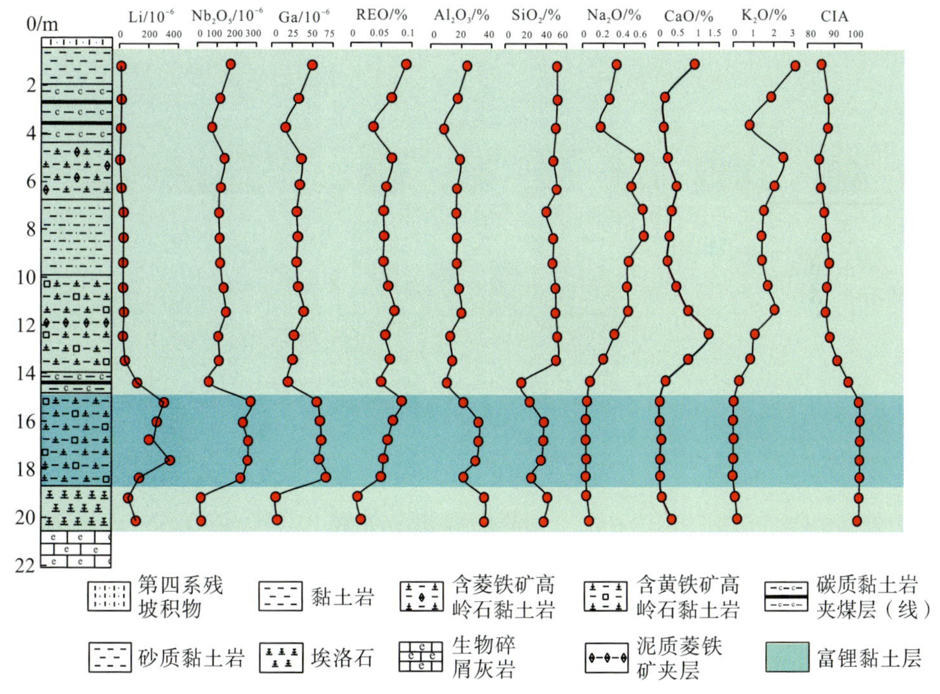

图 4-7 ZK05 钻孔元素含量及参数曲线图

ZK05 钻孔除第四系残坡积物以外，自上而下分为黏土岩、碳质黏土岩夹煤层(煤线)、含菱铁矿高岭石黏土岩、砂质黏土岩、高岭石黏土岩夹菱铁矿层、碳质黏土岩夹煤层(煤线)、含黄铁矿高岭石黏土岩、埃洛石层及生物碎屑灰岩。

钻孔中各岩性分层的地质情况及 Li 等元素含量特征分述如下。

(1)黏土岩(ZK05-2，厚度为 1.55 m)。灰色，普遍见黑色碳质物。该层 Li 含量低，为 10.6×10^{-6}。Nb 含量为 119×10^{-6}(Nb_2O_5 含量为 170×10^{-6})，达到了风化壳型矿床工业品位(Nb_2O_5 含量为 160×10^{-6})。Ga 含量为 49.6×10^{-6}，达到了镓资源工业指标要求(Ga 含量为 30×10^{-6})。REO 含量为 0.091%，达到了风化壳型矿床的最低工业品位(REO 含量为 0.08%)。

(2)碳质黏土岩夹煤层(线)。灰黑-黑色，钻孔中见 2 层碳质黏土岩[图 4-8(a)]夹煤层(线)(上层 ZK05-3，厚度为 2.42 m；下层 ZK05-8，厚度为 0.84 m)，其中煤层(线)厚度为 2～10 cm，水平层理发育。该层 Li 含量低，为 9.5×10^{-6}～94.2×10^{-6}。Nb 含量为 44.6×10^{-6}～80.5×10^{-6}(Nb_2O_5 含量为 63.8×10^{-6}～115.2×10^{-6})，1 件样品达到了风化壳型矿床边界品位(Nb_2O_5 含量为 80×10^{-6})。Ga 含量为 17.3×10^{-6}～33.1×10^{-6}，1 件样品达到了镓资源工业指标要求。REO 含量为 0.037%～0.067%，有 2 件样品达到了风化壳型矿床的边界品位(REO 含量为 0.05%)。

图 4-8 ZK05 号钻孔岩心及岩性特征

(a)碳质黏土岩；(b)含薄层菱铁矿层的高岭石黏土岩；(c)具水平层理的碳质高岭石黏土岩；(d)含鲕粒高岭石黏土岩；(e)、(f)树枝状态黄铁矿；(g)褐铁矿化高岭石黏土岩；(h)埃洛石；(i)生物碎屑灰岩

(3) 含菱铁矿高岭石黏土岩(ZK05-5，厚度为 1.96 m)。灰-深灰色，夹少量薄层状菱铁矿层[图 4-8(b)]，黏土岩中发育细小黑色碳质纹层。菱铁矿层厚度为 2～5 cm，具泥质粉晶结构，由菱铁矿、泥质等组成，菱铁矿含量为 60%～70%，粒径为 0.03～0.06 mm；黏土质主要为隐晶状，部分为微细鳞片状高岭石和伊利石，含量为 30%左右；碳质呈黑色粉末状散布于黏土质、菱铁矿间，含量为 3%左右，还含有少量 0.02～0.1 mm 的黄铁矿等金属矿物。该层 Li 含量低，为 6.25×10^{-6}～12.5×10^{-6}。Nb 含量为 80.2×10^{-6}～96.4×10^{-6}(Nb_2O_5 含量为 115×10^{-6}～138×10^{-6})，均达到了风化壳型矿床边界品位(Nb_2O_5 含量为 80×10^{-6})。Ga 含量为 34.7×10^{-6}～36.6×10^{-6}，达到了镓资源工业指标要求。REO 含量为 0.059%～0.068%，有 2 件样品达到了风化壳型矿床的边界品位。

(4) 砂质黏土岩(ZK05-6，厚度为 3.14 m)。灰色，普遍可见黑色碳质纹层，水平层理发育，零星分布有星点状的黄铁矿颗粒。具砂质泥状结构，碎屑含量为 45%左右，呈次棱角状-棱角状，粒径为 0.06～0.5 mm，碎屑以碳质岩屑、黏土岩岩屑为主，少量石英；黏土质含量为 55%左右，以隐晶状为主，部分为微细鳞片状高岭石和伊利石，含有少量黄铁矿等金属矿物。该层 Li 含量低，为 23.0×10^{-6}～24.0×10^{-6}。Nb 含量为 77.2×10^{-6}～82.8×10^{-6}(Nb_2O_5 含量为 110×10^{-6}～118×10^{-6})，均达到了风化壳型矿床边界品位。Ga 含量为 31.1×10^{-6}～32.4×10^{-6}，达到了镓资源工业指标要求。REO 含量为 0.054%～0.055%，达到了风化壳型矿床的边界品位。

(5) 高岭石黏土岩夹菱铁矿层(ZK05-7，厚度为 4.06 m)。深灰-灰黑色，黏土岩中水平层理发育[图 4-8(c)]，层理面上分布有大量黑色碳质物，形成碳质细小纹层，局部见团块状黄铁矿，团块大小为 1～2 cm，由 1 mm 左右的颗粒聚合而成。菱铁矿夹层厚度为 10～20 cm，具泥质粉晶结构，由菱铁矿、泥质等组成，菱铁矿含量为 60%～90%，粒径为 0.03～0.06 mm，少量为 0.06～0.15 mm；黏土质主要为隐晶状，部分为微细鳞片状高岭石和伊利石，含量为 5%～30%；碳质呈黑色粉末状散布于黏土质、菱铁矿间，含量为 2%左右，还含有少量黄铁矿等金属矿物。研究区内，含菱铁矿层的黏土层广泛分布。该层 Li 含量低，为 21.7×10^{-6}～32.3×10^{-6}。Nb 含量为 77.6×10^{-6}～101.0×10^{-6}(Nb_2O_5 含量为 111×10^{-6}～144×10^{-6})，均达到了风化壳型矿床边界品位。Ga 含量为 26.2×10^{-6}～39.8×10^{-6}，2 件达到了镓资源工业指标要求。REO 含量为 0.058%～0.073%，达到了风化壳型矿床的边界品位。

(6) 含黄铁矿高岭石黏土岩(ZK05-9，厚度为 3.9 m)。浅灰-灰色，不均匀分布有星点状、团块状黄铁矿，局部发育水平层理。高岭石黏土岩主要为致密块状，碳质杂乱分布于黏土质中，含量约 3%。有少量含鲕粒高岭石黏土岩[图 4-8(d)]，鲕粒呈圆状，大小为 0.1～2 mm，少见 2～5 mm 的豆粒，含量在 20%左右，由黏土质和碳质组成，黏土质主要由微细鳞片状高岭石和伊利石组成，鲕粒之间由黏土质、碳质等组成，黏土质呈隐晶状，少量为微细鳞片状高岭石。黄铁矿含量为 5%～10%，星点状黄铁矿大小为 1～2 mm，团块状一般呈 2～3 cm 的树枝状产出［图 4-8(e)、(f)］，由细小黄铁矿颗粒组成，局部风化为褐铁矿化高岭石黏土岩［图 4-8(g)］。除 1 件样品 Li 含量较低外，其余样品 Li 含量为 238×10^{-6}～353×10^{-6}，平均为 292×10^{-6}，达到铝土矿中锂综合利用的指标(Li 含量为 232×10^{-6}、Li_2O 含量为 0.05%)。Nb 含量也相对较高，为 156×10^{-6}～191×10^{-6}(Nb_2O_5 含量为 223×10^{-6}～273×10^{-6})，平均为 250×10^{-6}，均达到风化壳型矿床最低工业品位；Ga 含量为 55.8×10^{-6}～67.2×10^{-6}，达到了镓资源工业指标要求；REO 含量为 0.051%～0.085%，1 件样品达到了风化壳型矿床的最低工业品位，其余达到了风化壳型矿床的边界品位。

(7) 埃洛石层(ZK05-10，厚度为 1.90 m)。乳白色［图 4-8(h)］，风化后为土黄色松散土状。Li、Nb、Ga、REO 含量低，分别为 49.2×10^{-6}～89×10^{-6}、14.9×10^{-6}～17.0×10^{-6}(Nb_2O_5 含量为 21.32×10^{-6}～24.32×10^{-6})、6.27×10^{-6}～8.23×10^{-6}、0.012%～0.018%。

(8) 生物碎屑灰岩(ZK05-11，厚度为 1.50 m)。灰色细晶生物碎屑灰岩［图 4-8(i)］，生物碎屑 65%，颗粒大小为 0.2～2.5 mm，为介形虫、腕足、海百合等。Li、Nb、Ga 含量低，分别为 23.1×10^{-6}、5.91×10^{-6}(Nb_2O_5 含量为 8.45×10^{-6})、3.72×10^{-6}，REO 含量较高，为 0.058%，达到了风化壳型矿床的边界品位。

上述 ZK05 钻孔各岩性层中 Li 等关键金属的含量特征表现为：①含黄铁矿高岭石黏土岩为 Li、Nb、REE、Ga 等关键金属的富集层，除 1 件样品外其余均达到了综合利用指标或边界品位，富集层的顶板为黑色碳质泥岩夹薄煤层(煤线)，底板为茅口组灰岩；②Ga、Nb_2O_5、REO 在最底部埃洛石层中含量低，其余各岩性层中均显著富集，几乎全部样品均达到风化壳型矿床的边界品位。

四、Co、Zr(Hf)等关键金属的富集特征

上述三个钻孔 Li 等关键金属在不同岩性层中的分布特征表明，含黄铁矿高岭石黏土岩富集 Li、Nb、REE、Ga 等关键金属。另外应该注意到，除了这些关键金属显著富集以外，一些岩性层中还显著富集 Co、Zr(Hf)等关键金属。

1. Co 元素的富集特征

随着绿色环保战略性新兴产业的迅猛发展，钴被大量应用在电子消费和电动汽车等行业，是新兴产业的关键矿产。当前，我国作为全球第一大钴资源消费国，国内钴资源明显不足，超过 90%的钴原料进口自刚果(金)等国(卢宜冠等，2020)，

钴资源在保障我国战略性新兴产业发展以及国家能源资源安全方面有着非常重要的意义。

在 ZK04 埃洛石夹高岭石黏土岩层（ZK04-8-B1，厚度为 0.9 m）中，Co 含量达 885×10^{-6}，Ni 含量为 267×10^{-6}，显著地高于钻孔中其他岩层中的含量。另外，ZK03 钻孔含黄铁矿高岭石黏土岩（ZK03-9，厚度为 1.36 m）下部 1 件样品、三水铝石与埃洛石混层（ZK03-10，厚度为 0.20 m）1 件样品，Co 含量为 63.6×10^{-6}、93.4×10^{-6}，Ni 含量为 225×10^{-6}、410×10^{-6}。ZK05 钻孔的含菱铁矿高岭石黏土岩（ZK05-5，厚度为 1.96 m）、砂质黏土岩（ZK05-6，厚度为 3.14 m）5 件样品，Co 含量为 50.1×10^{-6}～90.2×10^{-6}，平均为 60.9×10^{-6}，Ni 含量为 36.4×10^{-6}～75.6×10^{-6}，平均为 57.5×10^{-6}。上述样品 Co 的含量均高于或远高于上地壳 Co 元素平均值（17×10^{-6}）（Taylor and McLennan，1985），部分样品中的含量达到甚至超过了最低综合利用品位（200×10^{-6}）。

钴作为关键金属中的稀贵金属，在陆地上主要以伴生的形式产于沉积岩容矿的层状 Cu-Co 矿床、红土风化型 Ni-Co 矿床、岩浆岩型 Ni-Cu（-Co-PGE）硫化物矿床、黑色页岩容矿的 Ni-Cu-Zn-Co 矿床、火山岩容矿的块状硫化物矿床、多金属脉状矿床，较少形成独立工业矿床（许德如等，2019）。近年来，在贵州等地沉积型铝土矿中相继发现了钴的富集，如黔北大竹园铝土矿（王登红等，2013）、瓦厂坪铝土矿（黄智龙等，2014）中钴含量可达 1000×10^{-6}，黔中云峰地区铝土矿中含碳的铁质黏土岩中钴的含量变化为 167×10^{-6}～962×10^{-6}，平均为 383×10^{-6}（Long et al.，2020）。这些铝土矿中伴生钴的含量远高于上地壳 Co 元素平均值，达到甚至超过了最低综合利用品位，作为一种潜在的重要钴资源而受到关注。

在 ZK04 埃洛石夹高岭石黏土岩层中，Co 含量高达 885×10^{-6}，富集层厚度为 0.9 m，其余钻孔中 Co 富集层含量相对较低。目前，伴生于铝土矿中 Co 的边界品位仅为 200×10^{-6}，最低工业品位为 300×10^{-6}（《矿产资源综合利用手册》编辑委员会，2000）。考虑到研究区黏土岩中 Co 的含量以及其层位分布的广泛性，应对该区黏土岩中 Co 的含量及赋存状态进行研究，评估其中 Co 资源的经济价值，以应对我国钴资源“被卡脖子”的严峻形势。

2. Zr（Hf）元素的富集特征

锆因耐高温、抗腐蚀、易加工、机械性能好、化学性质稳定等特点，锆金属和锆的化合物在军事工业、耐火材料、陶瓷等行业均有开发利用。中国每年锆矿需求量约在 120 万吨，但每年锆矿进口量约 110 万吨，锆矿对外依赖程度高达 90%以上（尹传凯等，2024）。目前中国利用的锆矿资源均为锆石矿，锆石矿主要分为锆石砂矿和锆石硬岩矿两类，砂矿主要分布于东南沿海，以海南储量最为丰富，占全国砂矿储量的 67%；锆石硬岩矿主要集中在内蒙古（储量占全国硬岩矿的

99.3%），少部分则分布于江西、四川和广西等地区（王瑞江等，2015）。除此之外，在滇东、黔北晚二叠世煤系地层中也发现了一种与峨眉山大火成岩省火山作用有关的新型 Nb（Ta）-Zr（Hf）-REE-Ga 多金属矿床（Dai et al.，2010），（Zr，Hf）O_2 含量达 3805×10^{-6}～8468×10^{-6}，是一个值得关注的潜在资源。

ZK03 钻孔含黄铁矿高岭石黏土岩，8 件样品 ZrO_2 含量为 1240×10^{-6}～3204×10^{-6}，平均为 2030×10^{-6}；HfO_2 含量为 26.5×10^{-6}～68.2×10^{-6}，平均为 43.5×10^{-6}；$(Zr+Hf)O_2$ 含量为 1267×10^{-6}～3272×10^{-6}，平均为 2047×10^{-6}，有 1 件样品达到了风化壳型矿床的边界品位。ZK04 钻孔高岭石黏土岩、含黄铁矿高岭石黏土岩 8 件样品的 ZrO_2 含量为 856×10^{-6}～2789×10^{-6}，平均为 1562×10^{-6}；HfO_2 含量为 16.8×10^{-6}～59.8×10^{-6}，平均为 31.3×10^{-6}；$(Zr+Hf)O_2$ 含量为 873×10^{-6}～2849×10^{-6}，平均为 1593×10^{-6}。ZK05 钻孔含黄铁矿高岭石黏土岩，5 件样品 ZrO_2 含量为 1721×10^{-6}～2069×10^{-6}，平均为 1898×10^{-6}；HfO_2 含量为 33.6×10^{-6}～40.8×10^{-6}，平均为 38.6×10^{-6}；$(Zr+Hf)O_2$ 含量为 1754×10^{-6}～2109×10^{-6}，平均为 1937×10^{-6}。

上述特征表明，在 3 个钻孔中的含黄铁矿高岭石黏土岩及部分高岭石黏土岩中，Zr（Hf）具有较高的含量，接近或达到了风化壳型矿床的边界品位[（Zr+Hf）O_2 含量为 3000×10^{-6}]，是一个值得关注的黏土型关键金属。

第二节　风化作用对 Li 等关键金属富集的影响

川南地区锂等关键金属主要富集于上二叠统龙潭组下部高岭石黏土岩之中，包括赋存在其中的关键金属元素都是大陆风化-搬运-沉积作用的产物，Li 等元素的迁移富集均会受到化学风化作用的影响。碳酸盐黏土型锂矿富集特征的研究表明，反映岩石化学风化程度的化学蚀变指数（CIA）与 Li 含量呈明显正相关性（崔燚等，2022），在一定范围内 Li 与 Al 含量也呈正相关关系（Wang et al.，2013；温汉捷等，2020），这表明了化学风化强度对 Li 富集的重要性。为探讨川南地区化学风化强度与 Li 等关键金属富集成矿的关系，对 Li、Nb_2O_5、REO、Ga 等关键金属含量与 CIA、Al_2O_3 含量之间的相关性进行了分析。

ZK03、ZK04 和 ZK05 岩心样品 Li、Nb、REO、Ga、Al_2O_3 等的含量以及 CIA 见表 4-1～表 4-3。

Li 与 CIA、Al_2O_3 含量之间具有极显著的正相关关系（$R=0.833$，$R=0.829$，$p<0.01$，$n=45$）（图 4-9）。这可能是因为在强烈化学风化过程中，脱 Si 富集 Al 的过程会伴随大量的母岩以及富 Li 矿物分解、释放，被释放出的 Li 会被黏土矿物吸附，随黏土矿物搬运沉积，表明化学风化作用及其强度对 Li 富集成矿具有重要的意义，也表明其为风化-沉积型矿床。

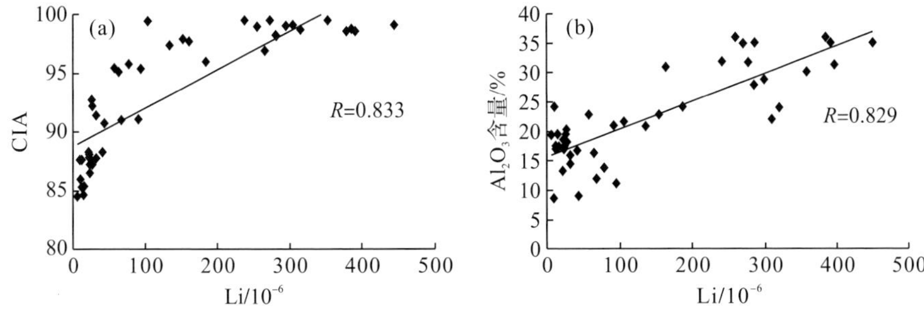

图 4-9 钻孔样品 Li-CIA(a)、Li-Al_2O_3(b)的相关性分析

Nb_2O_5含量与 CIA、Al_2O_3含量之间具有极显著的正相关关系($R=0.641$，$R=0.733$，$p<0.01$，$n=45$)(图 4-10)。Nb 赋存状态的研究表明，Nb 主要继承自峨眉山玄武岩中榍石等矿物的风化产物，在风化作用下榍石等矿物中的 Nb 一部分转变为锐钛矿中的 Nb，另一部分由于矿物分解而释放，随后被黏土矿物吸附。在强烈化学风化作用下，母岩中富 Nb 榍石形成锐钛矿以及溶出 Nb，然后这些 Nb 元素随黏土矿物搬运沉积。因此，化学风化作用及其强度对 Nb 富集成矿具有显著的影响。

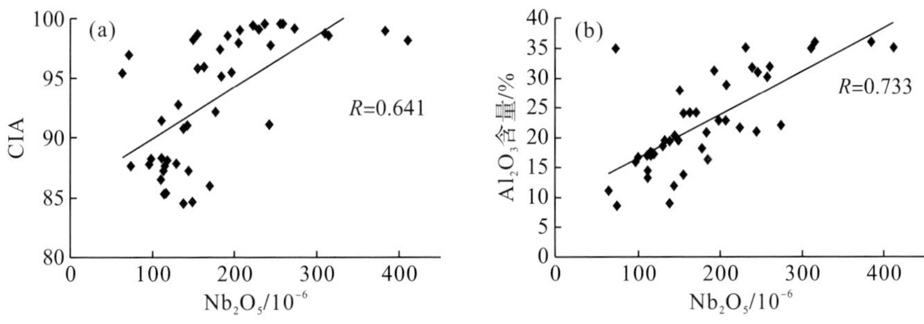

图 4-10 钻孔样品 Nb_2O_5-CIA(a)、Nb_2O_5-Al_2O_3(b)的相关性分析

Ga 含量与 CIA、Al_2O_3 含量之间具有极显著的正相关关系($R=0.605$，$R=0.492$，$p<0.01$，$n=45$)(图 4-11)。本区高岭石黏土岩的物源来源于峨眉山大火成岩省火成岩的风化产物，Hieronymus 等(2001)认为在硅酸盐岩风化过程中 Ga 主要替代长石中的铝，而长石在表生红土化过程中易转变为高岭石，Ga 与 Al 一起进入高岭石晶格，少部分进入三水铝石。在红土化过程中，酸性介质中三水铝石和高岭石大量形成，铁大量流失，Ga 和 Al 固定于残留的风化矿物中(Kopeykin，1984)。这些特征表明，化学风化作用对于 Ga 的富集成矿具有重要的影响。

REO 含量与 CIA、Al_2O_3含量之间的相关系数分别为$R=-0.106$、$R=0.245$，均不具有相关性(图 4-12)，这表明化学风化作用对稀土元素的富集没有显著的影响，其富集成矿与 Li 等元素有所不同。代世峰等(2024)研究认为，稀土元素搬运

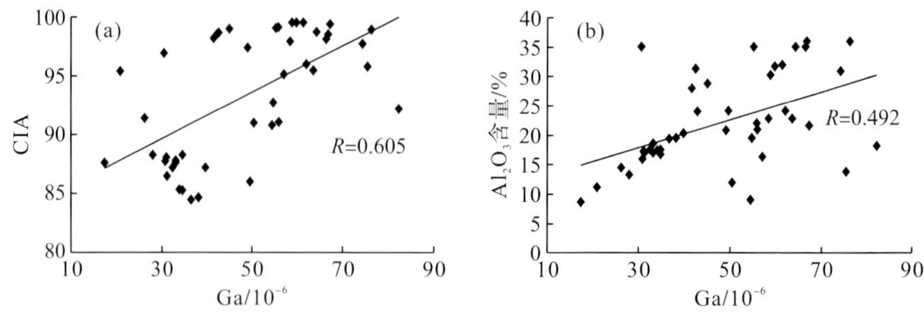

图 4-11 钻孔样品 Ga-CIA(a)、Ga-Al_2O_3(b)的相关性分析

到沉积盆地后，在大气降水或受海水入侵的影响下，盆地水体环境逐渐转变为中性或弱碱性，导致稀土元素重新沉淀，富集于磷酸盐或碳酸盐矿物中，并与铌、锆、镓等金属的载体矿物共同保存在沉积盆地中，形成了铌-锆-稀土-镓多金属矿化层。这些研究表明，稀土元素的富集除了受到风化作用的影响外，沉积成岩阶段的地质环境也对其富集有重要的影响。

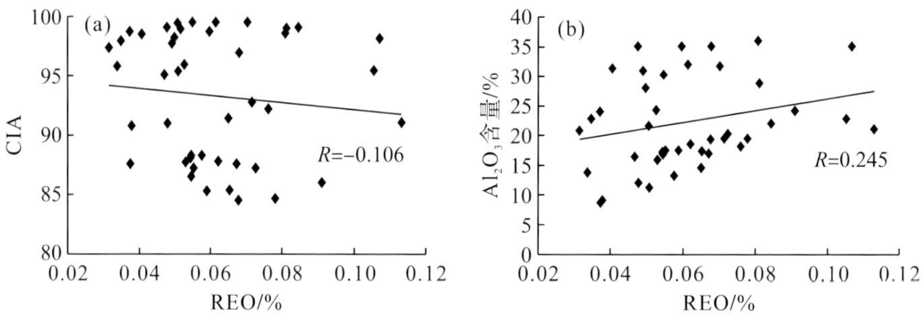

图 4-12 钻孔样品 REO-CIA(a)、REO-Al_2O_3(b)的相关性分析

上述对 Li、Nb_2O_5、Ga、REO 等关键金属与 CIA、Al_2O_3 含量之间相关性的研究表明，Li、Nb_2O_5、Ga 等的富集成矿与化学风化作用具有密切的关系，REO 的富集与之关系不显著。强烈的化学风化作用导致 Li、Nb、Ga 等成矿元素从母岩中释放，并与风化形成的黏土矿物搬运沉积，在沉积成岩过程中富集成矿，因此这类黏土型矿床在成岩上属于风化-沉积型矿床。

第三节 沉积环境与关键金属富集的关系

黏土岩中 Li 等关键金属的富集受到物源、沉积环境等多种因素的影响(温汉捷等，2020；范宏鹏等，2021；贾永斌等，2023)。本研究在综合前人对研究区古地理分析的基础上，以兴文、叙永地区的两条钻孔剖面(ZK03、ZK05)为研究对象，在岩相分析的基础上，结合地球化学指标，分析其沉积环境，探讨沉积环境对锂等关键金属超常富集的制约作用。

一、古地理背景

中二叠世末的华力西运动使得四川盆地大部分地区整体抬升，康滇古陆进一步隆升、扩大，古地势为南西高、北东低。晚二叠世之初，海平面大幅上升，广泛沉积了一套含煤岩系，沉积层序不断向古陆周边地区上超，沉积相带由陆到海大致呈东西向展布、南北向延伸(郭正吾，1996)。

根据沉积相研究成果(曹清古等，2013)，晚二叠世龙潭期四川盆地从南西往北东依次发育河流相、滨岸沼泽相、潮坪-潟湖相、浅水陆棚相、深水陆棚相及盆地相，局部形成台地相沉积(图 4-13)。

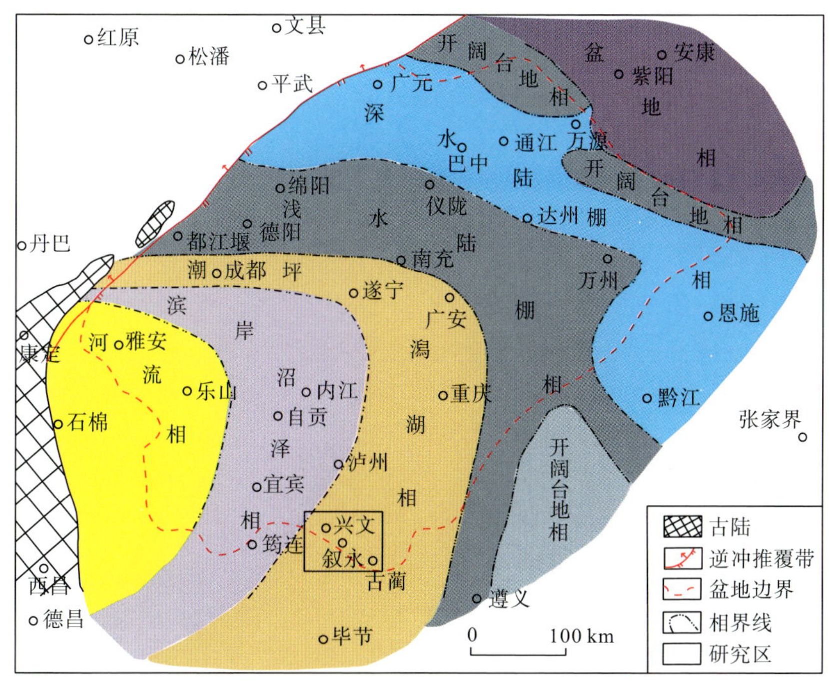

图 4-13　四川盆地上二叠统龙潭组(吴家坪组)沉积相图(曹清古等，2013)

靠近康滇古陆边缘的天全－乐山－美姑一带，为宣威组陆相含煤层系，主要为河漫滩沼泽相含煤建造。天全－乐山－美姑一带至成都－遂宁－重庆一带之间为龙潭组海陆交互相含煤建造区，可划分出 2 个相带：滨岸沼泽相带与潮坪-潟湖相带，前者主要沉积泥岩、碳质页岩、岩屑砂岩，夹多层煤层(线)；后者沉积以泥、页岩夹砂岩、灰岩及煤线为主要特征，上部为以灰岩、页岩及含燧石结核灰岩为特征的硅质灰泥坪亚相沉积，总体反映水体相对闭塞的潟湖沉积环境。

成都—遂宁—重庆一带以东广大区域为浅海陆棚相区，沉积以碎屑岩与灰岩及砂质灰岩混合沉积为主，碎屑岩系以泥质岩、页岩为主，紧邻武隆—彭水低隆的地区含较多的砂屑。浅水陆棚区以北以东地区为深水陆棚区，沉积以碳酸盐岩为主，碎屑岩较少，灰岩及页岩多含硅质成分，反映出远源、深水沉积特征。该相带为碎屑岩与碳酸盐岩过渡沉积区，为龙潭组与吴家坪组的相变区。深水陆棚区外侧往城口以东相变为盆地相沉积区，吴家坪组灰岩硅质含量更高，由含硅质过渡为含燧石结核、燧石团块或燧石透镜体。

川南地区位于滨岸沼泽相带与潮坪-潟湖相带(图 4-13)。

二、沉积环境与关键金属富集

1. ZK03 钻孔

根据 ZK03 钻孔岩心的岩性及沉积构造等特征，含矿地层总体的沉积环境为滨岸沼泽-潟湖环境(图 4-14)。

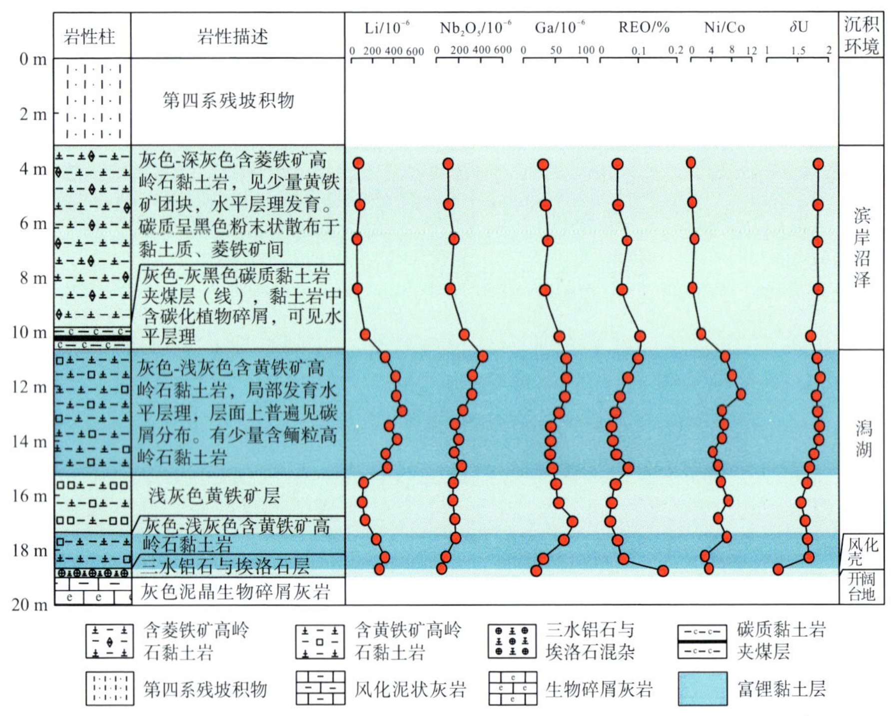

图 4-14 ZK03 钻孔 Li 等关键金属含量与沉积环境对比图

滨岸沼泽环境：包括钻孔上部的灰-深灰色高岭石黏土岩夹菱铁矿层，以及灰黑色碳质黏土岩夹煤层。高岭石黏土岩夹菱铁矿层中，见黄铁矿团块，水平层理发育，黑色粉末状碳质广泛分布。菱铁矿是一种具有沉积环境指示意义的矿物，一般形成于富铁、低硫、贫氧的弱碱性环境，广泛分布于相对还原的沼泽环境之中。

潟湖环境：为灰色-浅灰色含黄铁矿高岭石黏土岩以及黄铁矿层。含黄铁矿高岭石黏土岩中不均匀分布有星点状、团块状黄铁矿，发育水平层理，在层理面上普遍见黑色碳屑分布。高岭石黏土岩除致密块状外，有少量具鲕粒构造。研究区内含黄铁矿高岭石黏土岩分布较为广泛，可形成高岭石含量更高的耐火材料，这类矿床一般形成于潟湖或内陆湖泊中。根据以上岩性及沉积构造分析，富锂高岭石黏土岩的沉积环境为潟湖。

除根据宏观的岩性及沉积构造分析沉积环境外，某些微量元素对沉积环境变化有着较高的敏感度，是研究古沉积环境的有效手段。但是在高黏土含量的沉积岩中，由于黏土矿物普遍具有吸附的特性，微量元素很可能受黏土矿物吸附产生富集，从而对指标的指示精度产生不同程度的影响(杨季华等，2020)。本书依据杨季华等(2020)对高黏土含量沉积岩古环境指标适用性研究的结果，采用推荐使用的 Ni/Co 指标指示氧化还原及沉积环境封闭开放情况，δU 指示意义可与 Ni/Co 指示意义进行对比参考，Ni 指示古盐度变化情况。

一般认为 Ni 含量大于 40×10^{-6} 时为咸水环境沉积，含量小于 25×10^{-6} 时为淡水环境沉积(田景春和张翔，2016)。Jones 等(1994)研究认为，Ni/Co＞7 时指示相对还原的沉积环境，Ni/Co＜5 时指示相对氧化的沉积环境，之间为弱氧化-弱还原环境。在还原环境中 δU＞1，氧化环境中 δU＜1，δU 值的关系式为 $\delta U=2U/(Th/3+U)$。

富锂的含黄铁矿高岭石黏土岩(表 4-1)，Ni 含量为 40.6×10^{-6}～225×10^{-6}，均大于 40×10^{-6}，表明其为咸水环境的沉积；Ni/Co 比值变化较大，除 1 件样品小于 5 外，其余在 5.19～10.79，其中 2 件 Ni/Co 在 5～7 之间，7 件样品 Ni/Co 比值＞7，因此总体上富锂黏土岩的沉积成岩环境为弱还原-还原环境；δU 在 1.66～1.87 之间，均大于 1，表明其沉积环境为还原环境。综上地球化学指标判断的结果，可以认为富锂的高岭土黏土岩沉积成岩环境为相对封闭的还原咸水环境(图 4-14)。

总体上看，富锂黏土岩中也同时富集 Ga、Nb_2O_5、REO(图 4-14)，这些元素同样在相对封闭的还原咸水环境中富集更为显著。

2. ZK05 钻孔

根据 ZK05 钻孔岩心的岩性及沉积构造等特征，含矿地层总体的沉积环境为滨岸沼泽-潟湖(湖泊)环境(图 4-15)。

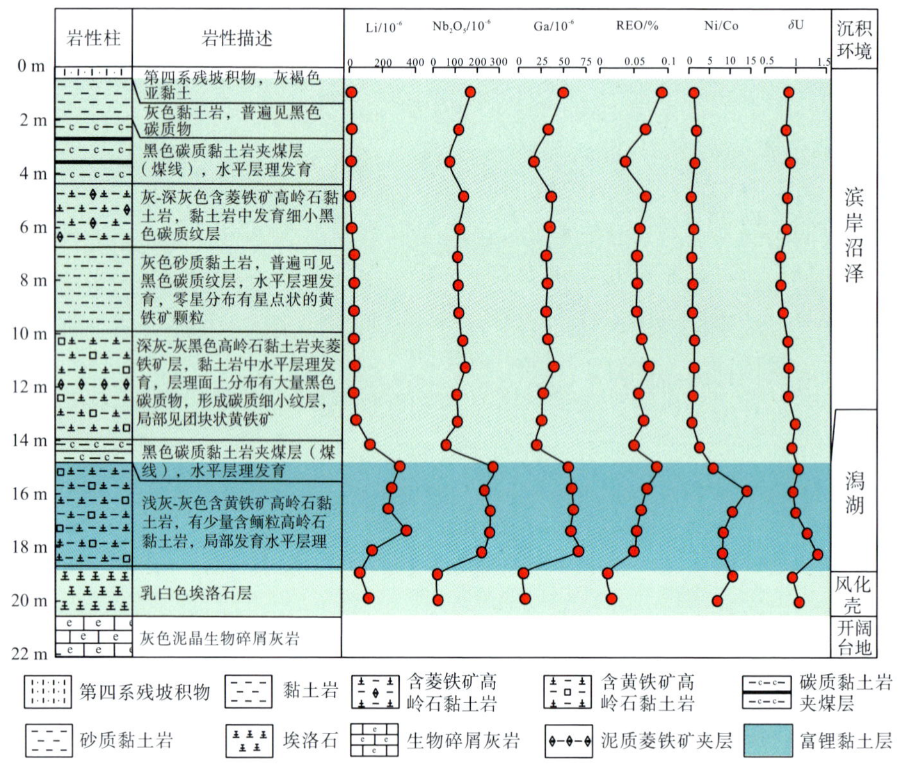

图 4-15　ZK05 钻孔 Li 等关键金属含量与沉积环境对比图

滨岸沼泽环境：包括钻孔上部黑色富含碳质的黏土岩、黑色碳质黏土岩夹煤层(煤线)，以及灰-灰黑色含菱铁矿高岭石黏土岩、砂质高岭石黏土岩等。这些岩层中普遍发育碳质有机物，水平层理发育，见黄铁矿团块。菱铁矿是一种具有沉积环境指示意义的矿物，一般形成于富铁、低硫、贫氧的弱碱性环境，广泛分布于沼泽环境之中。

潟湖环境：为浅灰-灰色色含黄铁矿高岭石黏土岩。含黄铁矿高岭石黏土岩中不均匀分布有星点状、团块状黄铁矿，局部发育水平层理。高岭石黏土岩除致密块状外，有少量具鲕粒构造。研究区内分布有形成高岭石含量更高的耐火材料，这类矿床一般形成于潟湖或内陆湖泊中。根据以上岩性及沉积构造分析，富锂高岭石黏土岩的沉积环境为潟湖。

ZK05 钻孔中，反映沉积环境的 Ni、Ni/Co 以及 δU 等地球化学指标在钻孔剖面上呈现出明显的变化，富 Li 的含黄铁矿高岭石黏土岩与其上的贫 Li 岩层显著不同(表 4-3，图 4-15)，这表明富 Li 黏土岩与贫锂岩层的沉积环境不同，也说明了沉积环境对黏土岩中 Li 的富集具有重要的影响。

富 Li 的含黄铁矿高岭石黏土岩，Ni 含量相对较低，为 15.9×10^{-6}～25.2×10^{-6}，

平均为 22.7×10^{-6}，略低于淡水环境沉积的 25×10^{-6}，推测为以淡水为主的，但接近半咸水的环境。贫锂岩层 Ni 含量变化较大，但总体相对较高，为 16.1×10^{-6}～75.6×10^{-6}，近一半的样品 Ni 含量大于 40×10^{-6}，平均为 41.0×10^{-6}，表明其总体上为淡水-咸水交替的环境（表 4-3）。在 Ni/Co 比值上，富锂的含黄铁矿高岭石黏土岩 Ni/Co 比值为 6.03～14.16（平均为 9.9），显著高于贫锂岩层的 0.7～2.8（平均为 1.3）。因此，富锂的含黄铁矿高岭石黏土岩处于一种相对封闭的还原环境，而贫锂岩层处于开放的氧化环境。富锂的含黄铁矿高岭石黏土岩 δU 在 0.97～1.37（平均 1.06），表明其沉积环境为还原环境；贫锂岩层中，除 1 件样品 δU 为 1 外，其余均小于 1，在 0.75～0.95 之间，其沉积环境为氧化环境。综合以上反映沉积环境的地球化学指标判断结果，可以认为富锂的高岭石黏土岩沉积成岩环境为相对封闭的半咸水还原环境（图 4-15）。

Ga、Nb_2O_5 在富锂黏土岩中也显著富集（图 4-15），表明这 2 个元素在相对封闭的半咸水还原环境中富集更为显著。REO 除与 Li、Ga、Nb_2O_5 等同时富集于相对封闭的半咸水还原环境中，在相对开放的淡水环境下也有富集，这表明其富集成矿可能并非完全受沉积成岩环境所控制。

根据以上地质与地球化学特征，结合川南地区地质构造演化，认为龙潭组下部富锂高岭石黏土岩沉积成岩环境为海陆过渡地区的潟湖半咸水还原环境。西南地区碳酸盐黏土型锂矿，Li 也是富集于海陆过渡的贫氧、低能的滨海沼泽、潟湖和古陆间局限、封闭的古海湾（盆）中（温汉捷等，2020）。

第四节　Li 等关键金属的赋存状态

一、锂的赋存状态

由于风化-沉积形成的黏土型锂矿矿物粒径较小（微米-亚微米级）、成分复杂以及受分析测试手段等方面的制约，对其进行矿物学和赋存状态研究相对困难，因此有关黏土岩中锂的赋存状态仍然存在一定争议（温汉捷等，2020；崔燚等，2022）。沉积型锂资源中 Li 的富集可能主要通过伊利石、蒙脱石等黏土矿物对 Li 的吸附作用（Bauer and Velde，2014）或风化期富 Li 流体与早期形成的伊利石等黏土矿物反应，从而形成含 Li 的黏土矿物（如锂蒙脱石等）（Zhao et al.，2018）。前人对沉积型黏土岩中 Li 的赋存状态进行了研究。温汉捷等（2020）认为 Li 可以被吸附于黏土岩的蒙脱石相中，部分进入蒙脱石矿物结构。凌坤跃等（2021）认为锂绿泥石为锂的主要载体矿物，它可能为成岩过程中由叶蜡石、伊利石等黏土矿物与富 Li、Mg 滨海浅层地下卤水或孔隙水/地下水反应形成。崔燚等（2022）认为富 Li 矿物为蒙皂石或锂绿泥石，锂绿泥石可能是由含 Mg 的蒙皂石转化而来。孙艳等(2018)对重庆地区三叠系绿豆岩中 Li 赋存状态的研究认为 Li 主要赋存在伊蒙混层矿物中。

本次研究采用粉晶 X 射线衍射(XRD)、聚焦离子束飞行时间二次离子质谱(FIB-TOF-SIMS)等测试方法，对富锂黏土岩中锂元素的赋存状态进行了分析。FIB-TOF-SIMS 在长沙理工大学凯乐普电镜中心进行分析测试。先对样品进行打磨，并使用 PIPs Ⅱ695 型离子抛光仪进行处理，喷碳后用扫描电镜-能量色散 X 射线谱(SEM- EDS)对样品进行观察，然后选择适当的区域采用 TESCAN AMBER FIB- TOF-SIMS 分析完成，测试条件：一次离子束，Ga^{3+}，30 keV，2.5 nA，45°入射，束斑大小 150～200 nm，扫描面积 30 μm×30 μm；二次离子极性为正离子，质量范围为 0～900 amu(atomic mass unit，原子质量单位)，溅射离子束为 O_2^+，1keV，45° 入射；溅射速度为 0.196 nm/s。

1. XRD 分析结果

兴文地区锂含量高的富锂黏土岩(CN52-2，Li 含量为 2053×10^{-6})样品发现了锂的独立矿物——锂云母[图 4-16(a)]；叙永地区部分富锂黏土岩中发现有锂绿泥石[图 4-16(b)]。目前，在贵州下二叠统大竹园组富锂的铝土质黏土岩中也发现了锂云母(邓旭升等，2023)，在广西上二叠统合山组黏土岩中锂绿泥石是 Li 的主要载体矿物(凌坤跃等，2021)。

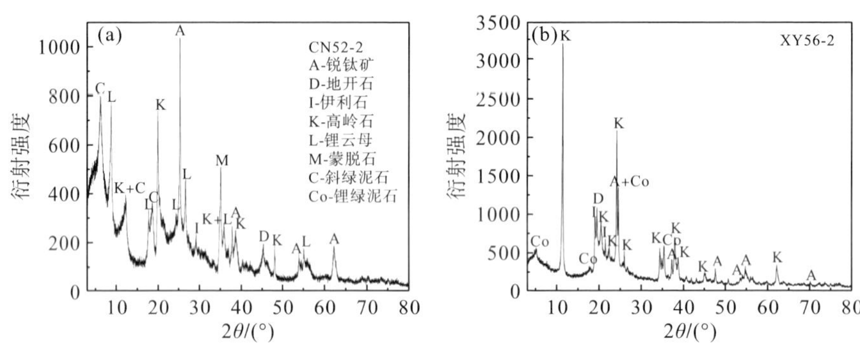

图 4-16 富锂黏土岩粉晶 X 射线衍射图谱

2. 黏土矿物中元素的分布特征

FIB-TOF-SIMS 用于检测局部离子时，具有高灵敏度和高深度分辨率，可以为多种材料和多种元素(包括 Li)提供化学成分分布信息(Liu et al.，2018；Lai et al.，2020)。因此，采用 FIB-TOF-SIMS 对样品元素的分布情况进行表征，依据 Li 与相关元素的分布情况来确定其赋存状态(温汉捷等，2020；崔燚等，2022；孙艳等，2023)。

兴文地区(CN90-1、ZK03-6-B3)、叙永地区(XY56-2)富锂黏土岩样品的

FIB-TOF-SIMS 分析结果见图 4-17、图 4-18、图 4-19，Al、Si、Mg、K、Na 元素集中分布区域为蒙脱石、伊利石组分，Li 元素集中分布区域与 Si、Mg 元素一致，与 K 的分布区也有一定的吻合。因此，根据上述 FIB-TOF-SIMS 的分析结果，表明 Li 主要赋存于富 Mg 的黏土矿物中，在富 K 的黏土矿物中也有一定分布，推断富锂泥质矿物元素组成为 Li、Al、Si、Mg、K。在黏土矿物中，蒙脱石和伊利石分别有较高含量的 Mg 和 K 而区别于其他黏土矿物，因此推测富锂黏土岩中 Li 主要赋存于蒙脱石之中，部分赋存于伊利石之中。富锂黏土岩粉晶 X 射线衍射分析表明，富锂黏土岩主要由高岭石组成，也含有一定数量的蒙脱石(10%～15%)和伊利石(1%～3%)。

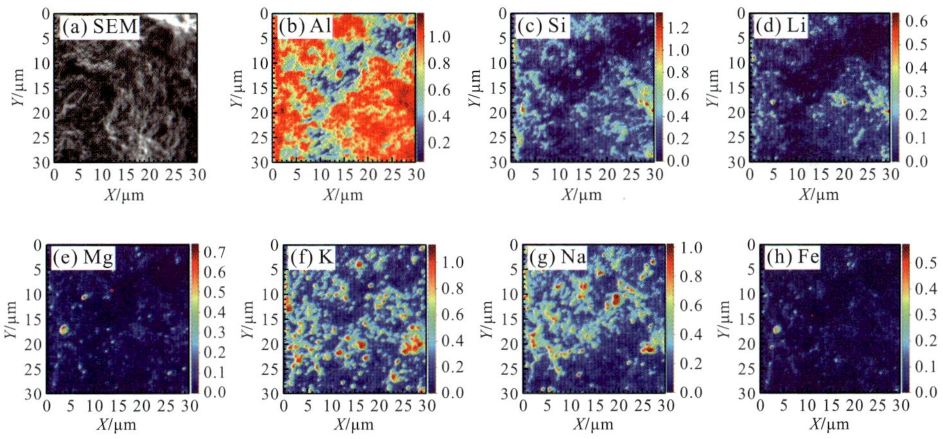

图 4-17　CN90-1 样品 FIB-TOF-SIMS

(a)分析区域；(b)～(h)Al、Si、Li、Mg、K、Na、Fe 的 FIB-TOF-SIM 正二次离子成像

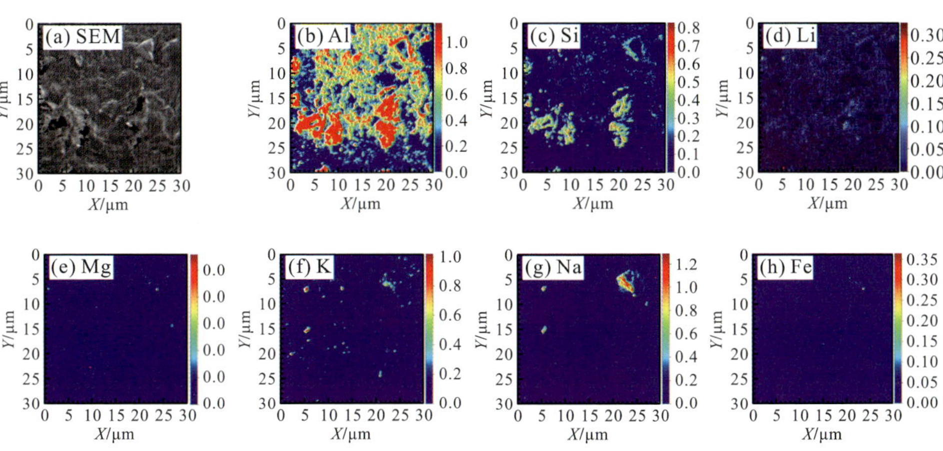

图 4-18　ZK03-6-B3 样品 FIB-TOF-SIMS

(a)分析区域；(b)～(h)Al、Si、Li、Mg、K、Na、Fe 的 FIB-TOF-SIM 正二次离子成像

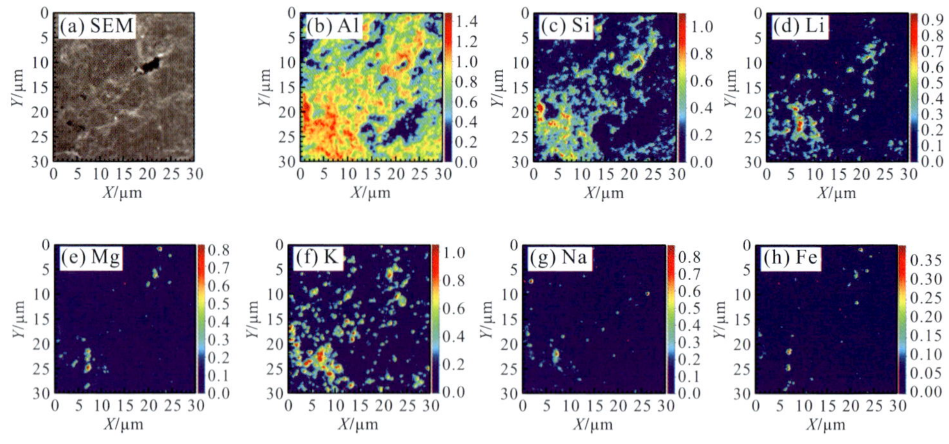

图 4-19 XY56-2 样品 FIB-TOF-SIMS

(a)分析区域；(b)～(h)Al、Si、Li、Mg、K、Na、Fe 的 FIB-TOF-SIM 正二次离子成像

综合粉晶 X 射线衍射分析(XRD)结果，以及 FIB-TOF-SIMS 分析所显示的 Li、Al、Si、Mg、K 等元素的分布特征，结合前人的研究，认为川南地区上二叠统龙潭组下部富锂黏土岩中锂除少量赋存于锂云母、锂绿泥石等独立矿物之中外，主要是被吸附于黏土岩的蒙脱石相中，部分进入蒙脱石矿物结构，还有一部分赋存于伊利石中。

二、铌的赋存状态

1. 矿化样品的矿物组成

3 件铌矿化含黄铁矿高岭石黏土岩样品(CN90-1，Nb_2O_5 含量为 437×10^{-6}；ZK03-6-B1，Nb_2O_5 含量为 411×10^{-6}；ZK03-6-B3，Nb_2O_5 含量为 310×10^{-6})的粉晶 X 射线衍射(XRD)分析结果见图 4-20(a)。

分析结果显示，CN90-1 样品主要矿物为高岭石和伊利石，次要矿物为锐钛矿，XRD 半定量分析显示锐钛矿含量在 1.8%左右[图 4-20(b)]；ZK03-6-B1 样品主要矿物为高岭石和伊利石，次要矿物为锐钛矿，副矿物为赤铁矿，XRD 半定量分析显示锐钛矿含量在 2.7%左右[图 4-20(b)]；ZK03-6-B3 样品主要矿物为高岭石和伊利石，次要矿物为锐钛矿和赤铁矿，XRD 半定量结果显示锐钛矿含量在 2.4%左右[图 4-20(b)]。

综合上述 XRD 分析结果，铌矿化样品(除去肉眼可见的黄铁矿等)主要由高岭石(65.0%～88.7%)、伊利石(7.7%～33.2%)等矿物组成，还含有少量锐钛矿(1.8%～2.7%)和赤铁矿(0.9%～7.7%)等矿物。

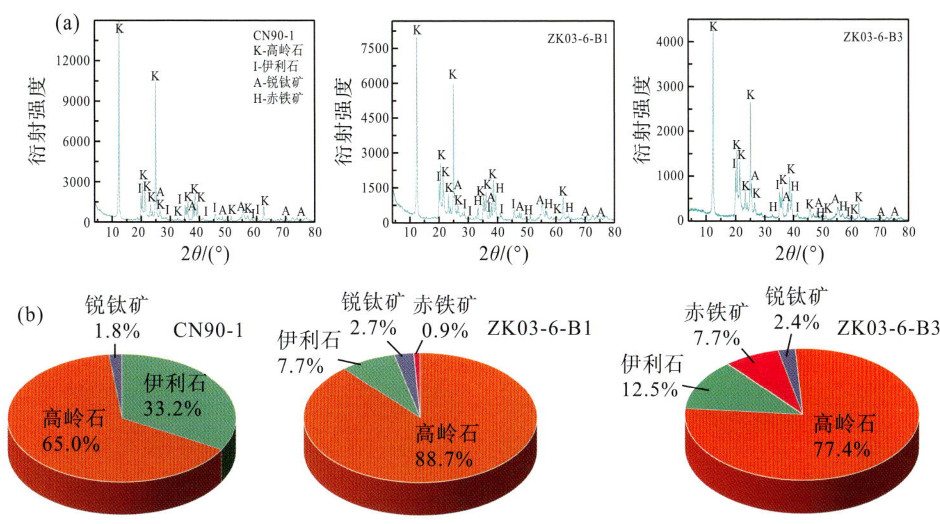

图 4-20　XRD 图谱(a)及矿物组分特征(b)

2. 锐钛矿的化学成分

XRD 分析表明，富铌的含黄铁矿高岭石黏土岩中含有一定数量的锐钛矿。已有的研究表明，锐钛矿是滇东宣威组富铌黏土岩中主要的载铌矿物(杜胜江等，2019，2023)。因此，本次研究采用电子探针显微分析(EPMA)对锐钛矿的化学组成进行了分析。

电子探针显微分析在中国地质科学院矿产资源研究所自然资源部成矿作用与资源评价重点实验室进行，采用配备有 4 道波谱仪的 JEOL JXA8230 电子探针完成。将样品磨制成光薄片并在其表面镀上厚度约 20 nm 的碳膜，然后再上机测试。测试工作条件为：加速电压 15 kV，加速电流 20 nA，根据矿物颗粒大小的不同，分别选择束斑直径为 1 μm、2 μm、3 μm 进行分析。使用天然矿物或合成氧化物作为标样。所有测试数据均进行了 ZAF 校正处理。

锐钛矿在扫描电镜下的背散射图像中呈灰白色，与深灰色高岭石等黏土矿物背景以及亮白色的黄铁矿形成鲜明对比(图 4-21)。

锐钛矿的电子探针显微分析(EPMA)结果见表 4-4。

分析结果表明(表 4-4)，锐钛矿的化学成分总量为 98.10%～99.38%，平均为 98.77%。Nb_2O_5 含量为 0.09%～3.40%(平均为 0.92%)，TiO_2 含量为 81.95%～95.81%(平均为 89.25%)，V_2O_3 含量为 1.01%～8.55%(平均为 2.07%)，Al_2O_3 含量为 0.18%～5.55%(平均为 1.98%)，SiO_2 含量为 0.03%～6.19%(平均为 2.05%)，ZrO_2 含量为 0.09%～2.30%(平均为 0.67%)，Cr_2O_3 含量为 0.09%～1.17%(平均为 0.46%)，其他元素含量均较低。

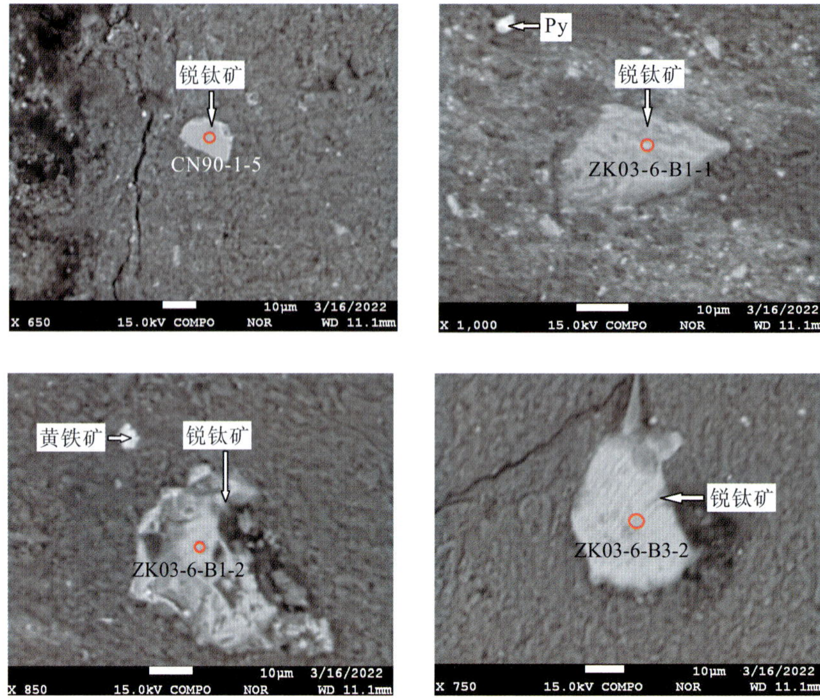

图 4-21 锐钛矿背散射图像及电子探针显微分析点位置图

表 4-4 锐钛矿电子探针显微分析结果(%)

样品采集区	测试点位	Nb_2O_5	Na_2O	MgO	Al_2O_3	SiO_2	CaO	ZrO_2	FeO	Cr_2O_3	TiO_2	Ce_2O_3	SO_3	V_2O_3	总计
兴文地区	CN90-1-1	1.16	0.01	0.04	0.99	0.58	0.05	0.50	0.31	0.17	93.92	0.00	0.05	1.14	98.92
	CN90-1-2	0.51	0.13	0.01	1.56	1.64	0.06	0.09	0.43	0.44	91.04	0.23	0.09	2.54	98.77
	CN90-1-3	0.86	0.07	0.02	1.95	1.54	0.05	1.40	0.71	0.38	90.01	0.06	0.13	1.34	98.52
	CN90-1-4	3.40	0.21	0.03	0.80	0.60	0.06	0.15	1.59	0.71	89.95	0.05	0.06	1.01	98.62
	CN90-1-5	1.69	0.00	0.05	2.10	1.84	0.02	0.57	1.23	0.60	81.95	0.05	0.04	8.55	98.69
	CN90-1-6	0.95	0.19	0.03	2.23	2.39	0.06	0.09	1.16	0.34	89.23	0.00	0.05	2.22	98.94
	ZK03-6-B1-1	1.84	0.00	0.00	0.83	0.78	0.01	0.21	1.21	1.12	90.57	0.19	0.24	2.04	99.04
	ZK03-6-B1-2	0.09	0.04	0.00	0.18	0.03	0.01	0.22	0.83	0.14	95.81	0.04	0.06	1.51	98.96
	ZK03-6-B1-3	1.71	0.00	0.02	0.81	0.42	0.07	1.74	0.40	0.21	92.40	0.00	0.15	1.21	99.14
	ZK03-6-B1-4	1.30	0.08	0.00	0.68	0.69	0.06	1.18	0.84	0.91	91.09	0.01	0.21	1.52	98.57
	ZK03-6-B1-5	1.50	0.04	0.02	1.03	0.86	0.04	0.31	1.27	1.17	89.93	0.17	0.39	2.48	99.21
	ZK03-6-B3-1	0.94	0.23	0.05	2.45	2.85	0.06	0.89	0.44	0.50	89.06	0.00	0.17	1.30	98.94
	ZK03-6-B3-2	0.69	0.09	0.02	0.83	0.62	0.05	1.63	0.49	0.45	92.47	0.00	0.02	1.42	98.78
	ZK03-6-B3-3	0.44	0.00	0.00	0.67	0.71	0.06	0.51	0.39	0.24	94.93	0.00	0.07	1.15	99.17
	ZK03-6-B3-4	0.39	0.00	0.00	2.24	1.80	0.08	0.73	0.26	0.25	91.59	0.07	0.00	1.10	98.51

续表

样品采集区	测试点位	Nb_2O_5	Na_2O	MgO	Al_2O_3	SiO_2	CaO	ZrO_2	FeO	Cr_2O_3	TiO_2	Ce_2O_3	SO_3	V_2O_3	总计
叙永地区	XY54-2-1	1.27	0.00	0.01	2.06	2.36	0.20	2.30	2.10	0.15	87.04	0.18	0.08	1.02	98.77
	XY54-2-2	0.67	0.02	0.05	1.00	0.67	0.13	1.23	0.55	0.09	92.87	0.03	0.02	1.19	98.52
	XY54-2-5	1.00	0.00	0.04	1.90	1.86	0.08	1.71	4.16	0.34	85.84	0.10	0.11	1.18	98.32
	XY54-2-8	0.91	0.04	0.02	1.83	1.19	0.11	0.31	1.24	0.24	91.81	0.06	0.08	1.21	99.05
	XY56-2-1-6	0.33	0.02	0.06	4.21	5.04	0.09	0.21	0.88	0.52	85.02	0.01	0.06	2.26	98.71
	XY56-2-1-7	0.45	0.01	0.13	3.64	3.48	0.12	1.24	0.70	0.31	86.44	0.13	0.09	1.46	98.20
	XY56-2-1-9	0.69	0.00	0.07	1.67	2.27	0.11	0.10	1.13	0.67	84.89	0.09	0.08	7.01	98.78
	XY56-2-1-12	0.47	0.03	0.11	4.22	5.17	0.09	0.28	1.38	0.89	82.67	0.00	0.08	2.71	98.10
	XY56-2-1-13	0.65	0.01	0.02	3.25	4.17	0.07	0.34	1.31	0.69	84.81	0.17	0.09	2.53	98.11
	ZK04-2-B1-1	0.57	0.49	0.15	5.55	6.19	0.06	0.93	0.61	0.27	82.03	0.22	0.07	1.55	98.69
	ZK04-2-B1-2	0.72	0.08	0.01	4.58	5.02	0.02	0.20	0.61	0.12	84.46	0.00	1.99	1.38	99.19
	ZK04-2-B1-4	0.44	0.79	0.05	1.63	1.89	0.09	0.13	0.27	0.44	90.66	0.18	0.12	2.05	98.74
	ZK04-2-B1-5	0.85	0.04	0.00	0.21	0.22	0.00	0.10	0.00	0.32	95.64	0.00	0.03	1.97	99.38
	ZK04-2-B1-6	0.59	0.03	0.12	2.07	2.18	0.11	0.34	0.62	0.62	89.93	0.03	0.10	2.15	98.89
	ZK04-2-B1-7	0.41	0.09	0.13	2.25	2.34	0.04	0.42	1.29	0.59	89.55	0.00	0.03	1.82	98.96
	平均	0.92	0.09	0.04	1.98	2.05	0.07	0.67	0.95	0.46	89.25	0.07	0.16	2.07	98.77

杜胜江等(2023)对滇东地区宣威组铌矿化黏土岩中锐钛矿化学成分的研究表明，Nb_2O_5(0.17%～0.74%，平均为 0.51%)、Al_2O_3(0.25%～1.33%，平均为 0.88%)、TiO_2(91.81%～97.68%，平均为 93.20%)、SiO_2(0.13%～0.84%，平均为 0.45%)、V_2O_3(0.14%～0.67%，平均为 0.41%)、Cr_2O_3(0.02%～0.12%，平均为 0.08%)、ZrO_2(0.08%～2.48%，平均为 1.42%)，其中 Nb_2O_5、Al_2O_3、SiO_2、V_2O_3 以及 Cr_2O_3 等的含量低于本次分析结果，TiO_2 和 ZrO_2 含量相对偏高。

3. 赋存状态分析

粉晶 X 射线衍射(XRD)结果显示研究区黏土岩中含有一定数量的锐钛矿，电子探针显微分析(EPMA)结果表明，锐钛矿中 Nb_2O_5 的含量为 0.09%～3.40%，平均为 0.92%。另外，扫描电镜-能谱(SEM-EDS)面扫描显示(图 4-22)，锐钛矿中 Ti 与 Nb 具有集中且一致的分布，Nb 均匀地分布在其中，表明锐钛矿中的 Nb 主要以类质同象的形式存在。

为了较好地评估锐钛矿中的 Nb 与全岩中 Nb 含量的平衡关系，以进一步确定 Nb 的赋存状态，采用公式“全岩 Nb_2O_5 含量=全岩中锐钛矿含量×锐钛矿中 Nb_2O_5 含量”计算全岩 Nb_2O_5 含量。XRD 半定量结果显示，CN90-1、ZK03-6-B1 和 ZK03-6-B3 样品锐钛矿含量分别为 1.8%、2.7%和 2.4%，EPMA 显示 Nb_2O_5 平均含量分别为 1.43%、1.29%和 0.62%。代入公式计算获得全岩 Nb_2O_5 含量，CN90-1

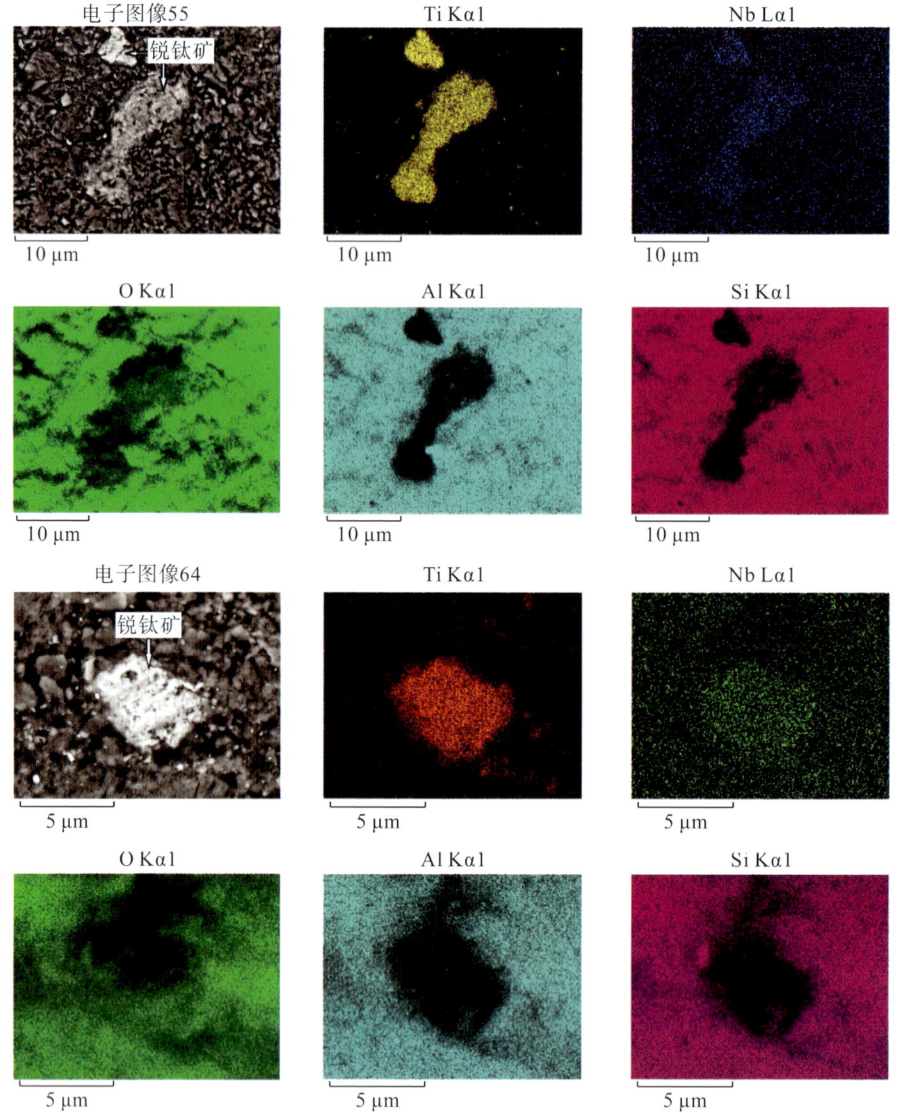

图 4-22 锐钛矿扫描电镜-能谱(SEM-EDS)面扫描

样品为 257.4×10^{-6}，ZK03-6-B1 样品为 348.3×10^{-6}，ZK03-6-B3 样品为 148.8×10^{-6}，所得结果均小于全岩化学分析的结果(表 4-4)。考虑到 XRD 半定量分析方法本身存在的误差，为了消除 XRD 半定量分析的误差，假设 Nb 全部以类质同象的形式赋存于锐钛矿之中，锐钛矿的化学组分为 TiO_2，以样品中 TiO_2 的含量作为基准，结合锐钛矿中 Nb_2O_5 含量，采用公式“全岩 Nb_2O_5 含量=全岩中 TiO_2 的含量×锐钛矿中 Nb_2O_5 含量”计算全岩 Nb_2O_5 含量。计算结果显示，ZK03-6-B1 样品为 298×10^{-6}，ZK03-6-B3 样品为 189.7×10^{-6}，所得结果均小于全岩化学分析的结果(表 4-4)。

造成两者含量差异的原因除了 XRD 半定量分析方法本身存在的误差外，还有可以是；①EPMA 选取的锐钛矿代表性不足、分析点位较少；②还有其他形式的 Nb 或富 Nb 矿物的存在。根据上述计算结果，推测本区 Nb 可能有一部分以吸附的形式存在，这可能是造成计算结果与化学分析结果差异的主要原因。

兴文地区，ZK03 岩心样品 TiO_2 与 Nb_2O_5 的相关性分析表明，两者之间相关性差（R=0.068）（图 4-23），影响其相关性的主要原因是 Nb_2O_5 含量较高（>200×10^{-6}）的含黄铁矿高岭石黏土岩样品中 TiO_2 的含量相对较低，其余 Nb_2O_5 含量较低的样品，TiO_2 与 Nb_2O_5 之间具有极显著的正相关关系（R=0.726，p<0.01）。因此，根据 TiO_2 与 Nb_2O_5 的相关性分析结果，可以认为 Nb_2O_5 含量较高的层位，Nb 既有一部分以类质同象形式赋存于锐钛矿中，也有一部分以吸附的形式存在。

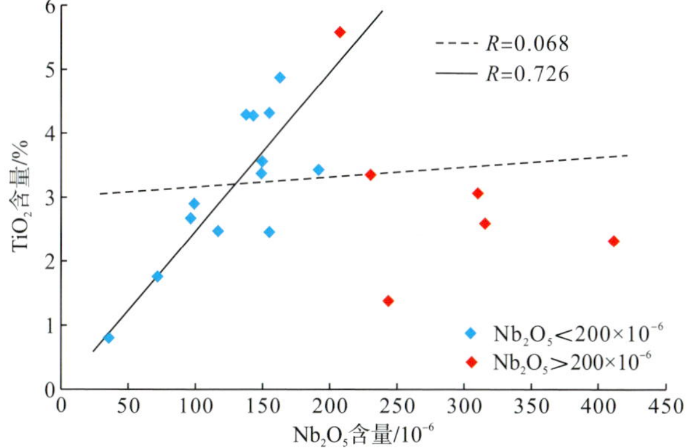

图 4-23　ZK03 钻孔岩心 TiO_2 与 Nb_2O_5 含量相关关系图

叙永地区，ZK04、ZK05 钻孔岩心样品 TiO_2 与 Nb_2O_5 含量之间具有极显著的正相关关系（R=0.584，p<0.01）（图 4-24），这表明 Nb 主要以类质同象形式赋存于锐钛矿中。

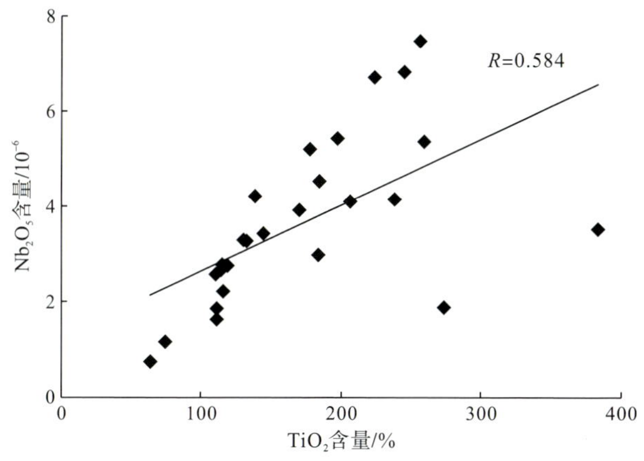

图 4-24　ZK04、ZK05 钻孔岩心 TiO_2 与 Nb_2O_5 含量相关关系图

铌(Nb)是亲石金属元素，具有强烈的亲氧性，常以+5 价与氧结合形成铌酸盐矿物，因 Nb^{5+} (0.64×10^{-10} m) 与 Ti^{4+} (0.64×10^{-10} m) 具有相近的离子半径，自然界中 Nb 通常以类质同象形式替代 Ti(魏均启等，2016；da Silva et al.，2017；杜胜江等，2023)。另外，由于岩浆岩、变质岩风化时，铌随其携带矿物(如黑云母、角闪石以及钛矿物等)分解而释放，形成碱金属铌酸盐络合物进入溶液，趋向富集于黏土、红土和铝土矿中，以离子吸附形式被黏土矿物吸附(周义平等，1999；Zhou et al.，2000；代世峰等，2007；王瑞江等，2015)。

上述研究表明，研究区龙潭组下部黏土岩中 Nb 主要以类质同象形式存在于锐钛矿中，还有一部分以离子形式被黏土矿物吸附。

三、稀土元素的赋存状态

对产于黔北黏土岩中稀土元素的赋存状态，黄苑龄等(2021)通过化学物相分析，研究了黔北务—正—道下二叠统梁山组铝土矿中稀土元素的赋存状态，认为黏土矿物是其中稀土元素主要的载体矿物，主要呈类质同象形式赋存于黏土矿物(如高岭石和绿泥石等)中，部分稀土元素呈分散状态被铝矿物(如一水硬铝石、一水软铝石、三水铝石等)以及黏土矿物吸附。徐莺等(2018)采用化学元素多项分析、显微镜鉴定、X 射线衍射、红外吸收光谱、扫描电镜微区能谱、电子探针等多种手段，对贵州某地二叠系宣威组富稀土岩系进行了工艺矿物学研究，结果表明稀土元素以类质同象替代的形式赋存于黏土矿物中，其中可能有部分以吸附形式存在。苏之良等(2021)采用扫描电镜和能谱分析，对黔西北宣威组稀土元素的赋存状态进行了研究，发现金红石中明显富集稀土元素 La、Ce、Pr、Tb、Dy 和 Er，且分布均匀，认为该类岩石中稀土元素可能以类质同象方式赋存于金红石等副矿物中。上述的有关研究认为，铝土质黏土岩以及宣威组黏土岩中的稀土主要以类质同象形式赋存于黏土矿物中，部分稀土元素呈分散状态被铝矿物以及黏土矿物吸附。除此之外，龚大兴等(2023)对川滇黔相邻区上二叠统宣威组底部沉积型稀土矿床进行了研究，结果表明稀土除独立矿物态(＜1%)、类质同象态(＜1%)和离子吸附态(0.02%～24%)外，75%以上的稀土元素以 100～300 nm 矿物颗粒形态被“束缚”在黏土矿物层状结构中，而且通过短流程的选冶一体化工艺技术，全元素稀土浸出率达到 90%以上，综合回收率达 80%以上。

本次研究主要是通过 SEM-EDS 分析，对于川南龙潭组黏土岩中稀土元素的赋存状态进行了初步研究，观察其中是否存在微米级的稀土矿物以及以其他形式存在的稀土。

在扫描电镜下发现黏土岩中稀土以两种形态出现：一种是以微米级颗粒的形式出现，另一种是以风化物充填在其他矿物颗粒之间或裂隙之间的形式出现。以微米级颗粒的形式出现的可能是稀土的独立矿物，以充填形式产出的可能是吸附于锰氧化物之中。

1. 以独立矿物形式存在

扫描电镜下，富含稀土元素的矿物颗粒大小在 20 μm 左右，形态为不规则的粒状(表 4-5)，附着于黏土岩矿物(高岭石)之上。根据能谱分析结果(表 4-5)，矿物主要由 O、Al、P 以及稀土元素 Ce 组成，O 含量为 39.90%～44.58%，Al 含量为 11.55%～13.80%、P 含量为 7.21%～8.70%，Ce 含量为 13.78%～21.67%，还含有少量的 Ca、Sr、Si 等元素。稀土元素除 Ce 外，还有 La、Nd，含量分别为 2.25%～4.69%、5.80%～14.81%，稀土元素总含量为 28.59%～32.36%。

表 4-5　代表性样品扫描电镜-能谱分析结果

样号 ZK02-10-8

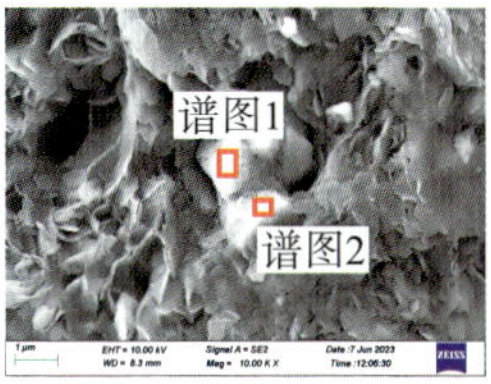

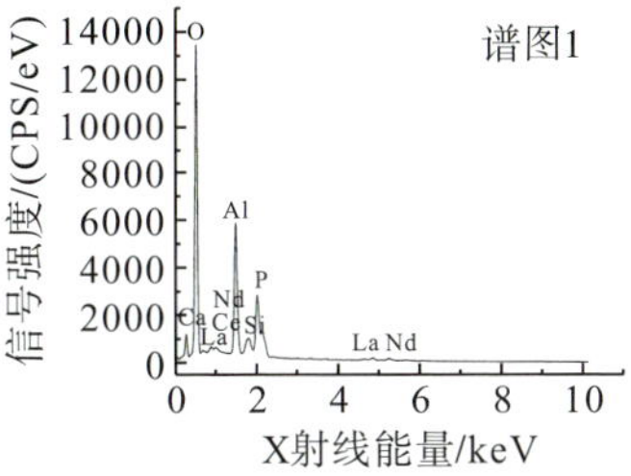

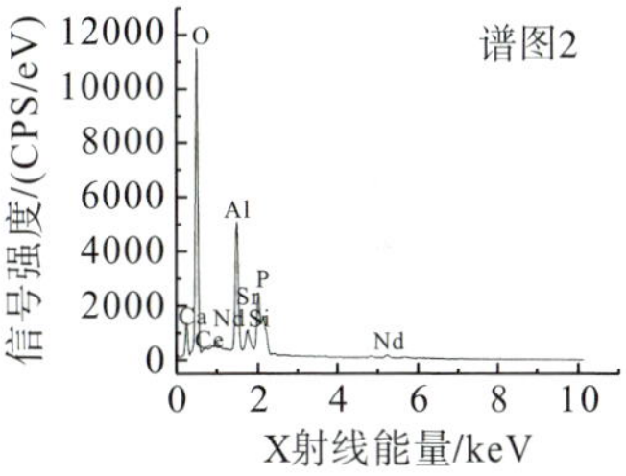

谱图 1

元素	质量百分比/%	原子百分比/%	元素	质量百分比/%	原子百分比/%
O	44.36	72.59	La	2.61	0.49
Al	13.68	13.27	Nd	9.39	1.70
P	8.70	7.36	Ca	0.30	0.19
Ce	20.36	3.80	总量	100	100
Si	0.64	0.60			

谱图 2

元素	质量百分比/%	原子百分比/%	元素	质量百分比/%	原子百分比/%
O	44.58	71.97	Nd	14.81	2.65
Al	13.53	12.94	Sr	2.46	0.73
Si	2.33	2.15	Ca	0.41	0.25
P	8.11	6.77	总量	100	100
Ce	13.78	2.54			

样号 ZK02-10-3

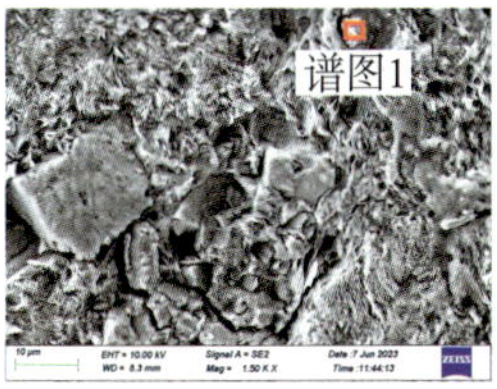

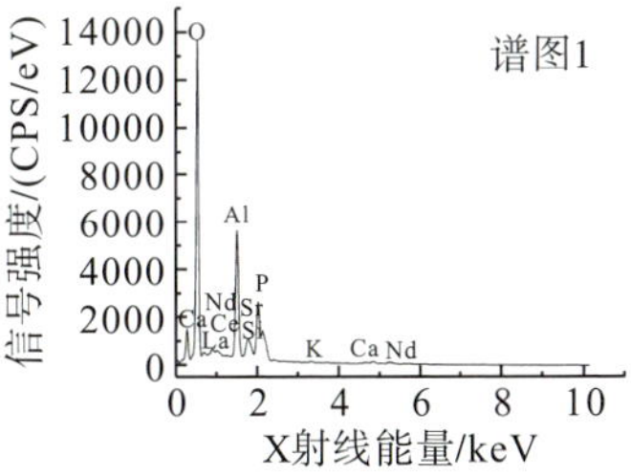

续表

元素	质量百分比/%	原子百分比/%	元素	质量百分比/%	原子百分比/%
谱图 1					
O	44.06	72.57	Nd	6.30	1.15
Al	12.62	12.32	Sr	3.49	1.05
Si	1.82	1.72	La	2.25	0.43
P	7.51	6.40	Ca	0.22	0.15
Ce	21.43	4.02	总量	100	100
K	0.29	0.20			

样号 ZK02-10-4

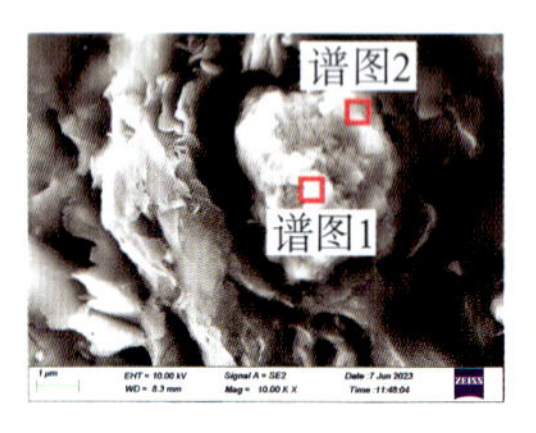

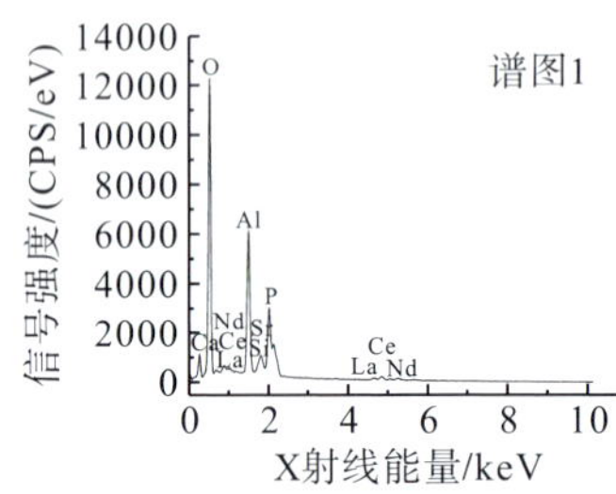

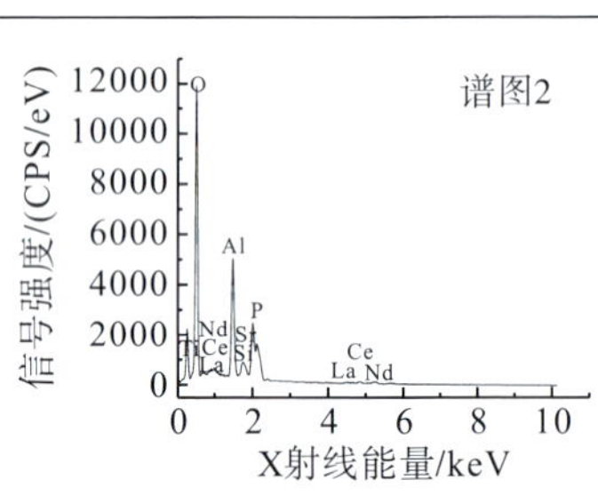

元素	质量百分比/%	原子百分比/%	元素	质量百分比/%	原子百分比/%
谱图 1					
O	39.90	69.21	Si	1.06	1.05
Al	13.80	14.18	La	4.69	0.94
P	8.59	7.70	Nd	5.80	1.12
Sr	4.26	1.35	Ca	0.24	0.17
Ce	21.67	4.29	总量	100	100
谱图 2					
O	41.78	72.26	Sr	2.73	0.86
Al	11.55	11.86	Nd	12.96	2.48
P	7.21	6.44	Ti	0.66	0.38
Ce	19.39	3.83	La	2.26	0.45
Si	1.46	1.44	总量	100	100

注：表中数据有四舍五入。

根据 SEM-EDS 分析结果，推测富含稀土的矿物为褐帘石$(Ce, Ca)_2(Al, Fe)_3(Si_2O_7)O(OH)$、独居石$(Ce, La, Nd)PO_4$等。

2. 吸附于锰氧化物之中

扫描电镜下，富含稀土的物质不均匀充填于黏土矿物颗粒之间或裂隙之中，扫描电镜-能谱分析结果显示(表 4-6)，大部分测点上均有 F、C 等元素，稀土元素除 1 个测点有 Tb 外，其余测点均为 Ce。富含稀土元素的物质由 O、Al、C、F、Mn、Ce 等元素组成，O 含量为 25.73%～41.86%，Al 含量为 8.93%～22.74%、C

含量为 5.09%～10.56%，Mn 含量为 9.65%～21.35%，F 含量为 1.66%～2.51%，Ce 含量为 12.81%～35.06%，还含有少量的 S、Ca、Na、K、Fe 等元素。

表 4-6 代表性样品扫描电镜-能谱分析结果

样号 CN-77-4

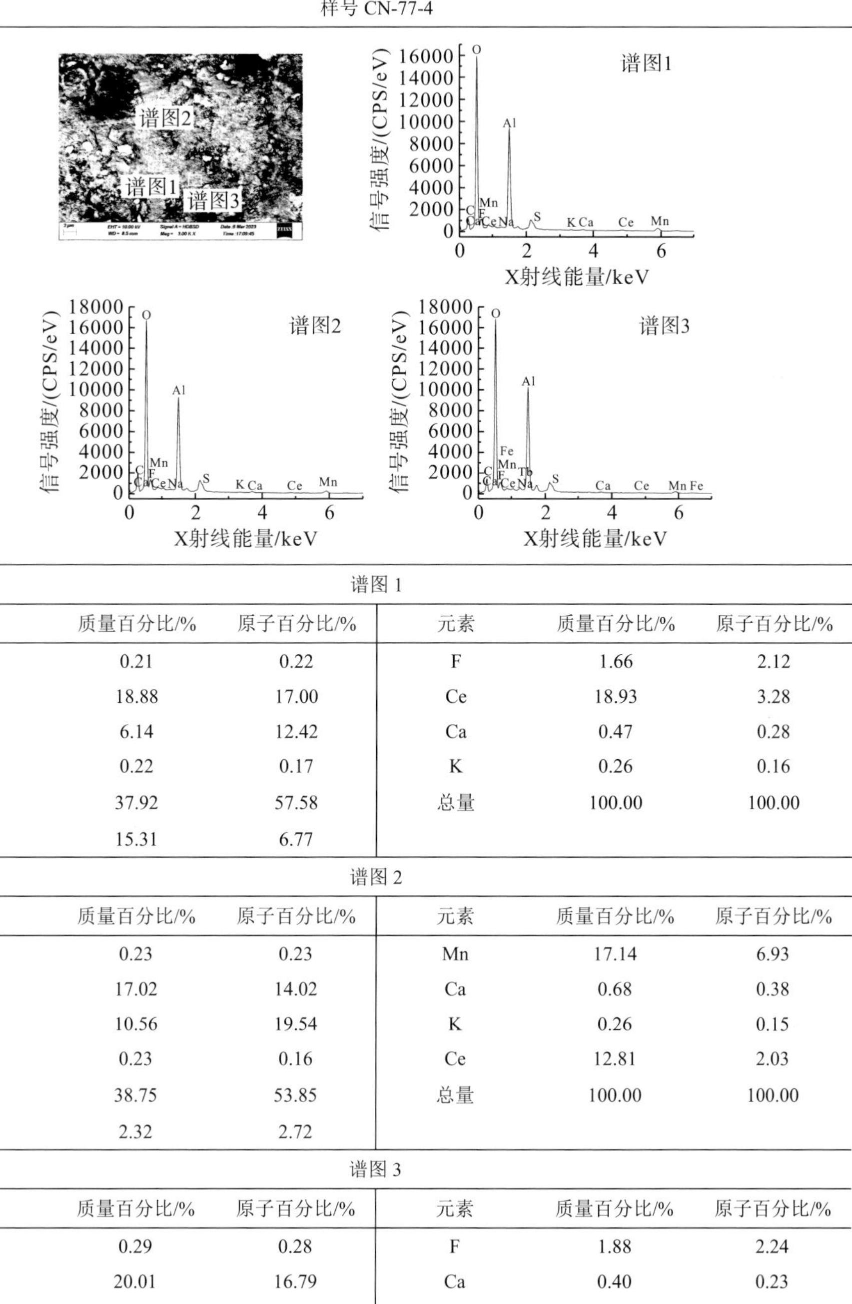

谱图 1

元素	质量百分比/%	原子百分比/%	元素	质量百分比/%	原子百分比/%
Na	0.21	0.22	F	1.66	2.12
Al	18.88	17.00	Ce	18.93	3.28
C	6.14	12.42	Ca	0.47	0.28
S	0.22	0.17	K	0.26	0.16
O	37.92	57.58	总量	100.00	100.00
Mn	15.31	6.77			

谱图 2

元素	质量百分比/%	原子百分比/%	元素	质量百分比/%	原子百分比/%
Na	0.23	0.23	Mn	17.14	6.93
Al	17.02	14.02	Ca	0.68	0.38
C	10.56	19.54	K	0.26	0.15
S	0.23	0.16	Ce	12.81	2.03
O	38.75	53.85	总量	100.00	100.00
F	2.32	2.72			

谱图 3

元素	质量百分比/%	原子百分比/%	元素	质量百分比/%	原子百分比/%
Na	0.29	0.28	F	1.88	2.24
Al	20.01	16.79	Ca	0.40	0.23
C	8.04	15.15	Fe	2.10	0.85

续表

谱图 3					
元素	质量百分比/%	原子百分比/%	元素	质量百分比/%	原子百分比/%
O	40.80	57.71	Tb	1.81	0.26
Mn	9.65	3.97	总量	100.00	100.00

样号 CN-77-5

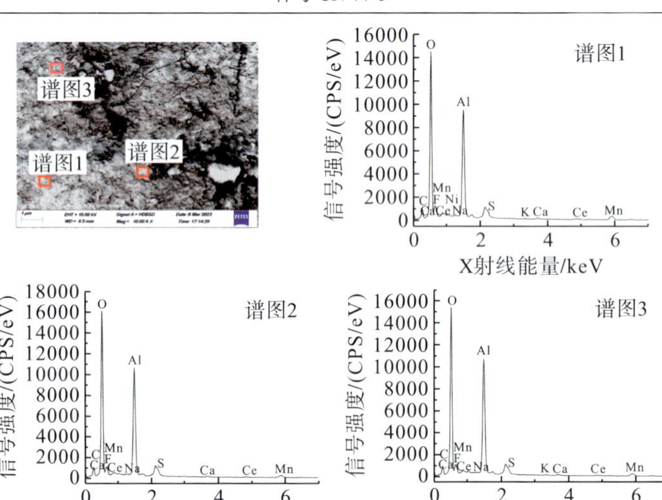

谱图 1					
元素	质量百分比/%	原子百分比/%	元素	质量百分比/%	原子百分比/%
Na	0.20	0.21	Ca	0.54	0.34
Al	19.63	18.18	Ce	15.59	2.78
C	5.09	10.60	K	0.22	0.14
S	0.26	0.21	F	1.86	2.45
O	35.54	55.53	Ni	0.92	0.39
Mn	20.14	9.16	总量	100.00	100.00

谱图 2					
元素	质量百分比/%	原子百分比/%	元素	质量百分比/%	原子百分比/%
Na	0.15	0.15	F	2.51	2.97
Al	22.56	18.77	Mn	13.74	5.61
C	6.03	11.27	Ca	0.55	0.31
S	0.27	0.19	Ce	12.33	1.98
O	41.86	58.75	总量	100.00	100.00

谱图 3					
元素	质量百分比/%	原子百分比/%	元素	质量百分比/%	原子百分比/%
Na	0.19	0.19	Mn	14.23	6.01
Al	22.74	19.56	Ca	0.51	0.29
C	5.63	10.88	Ce	14.30	2.37

续表

谱图 3					
元素	质量百分比/%	原子百分比/%	元素	质量百分比/%	原子百分比/%
S	0.16	0.12	K	0.25	0.15
O	39.81	57.76	总量	100.00	100.00
F	2.19	2.67			

样号 CN-77-7

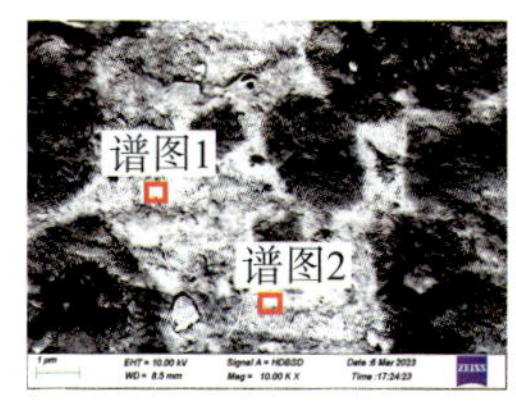

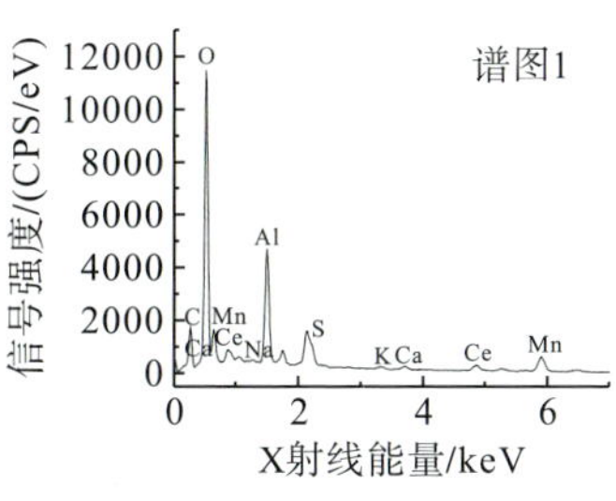

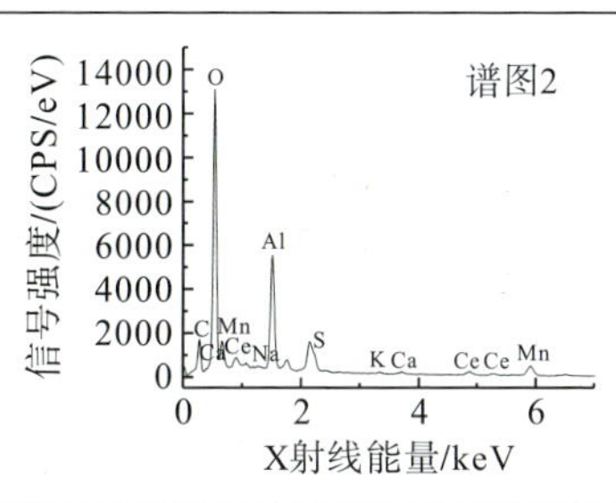

谱图 1					
元素	质量百分比/%	原子百分比/%	元素	质量百分比/%	原子百分比/%
Na	0.30	0.40	Mn	21.35	11.80
Al	8.93	10.05	Ce	34.24	7.42
C	8.09	20.46	K	0.45	0.35
S	0.10	0.10	Ca	0.79	0.60
O	25.73	48.82	总量	100.00	100.00

谱图 2					
元素	质量百分比/%	原子百分比/%	元素	质量百分比/%	原子百分比/%
Na	0.24	0.32	Mn	18.86	10.31
Al	10.14	11.29	Ce	35.06	7.51
C	7.43	18.58	K	0.32	0.25
S	0.08	0.07	Ca	0.54	0.41
O	27.32	51.27	总量	100.00	100.00

注：表中数据有四舍五入。

样品 CN-77-7 的 O、Al、Mn、Ce 等元素的能谱面扫描结果见图 4-25，从图中可以看出，O、Al 分布一致，推测为黏土矿物分布区；Mn、Ce 集中一致均匀分布，Mn 为岩石风化产物，表明 Ce 可能吸附于风化作用形成的锰质氧化物中。

综上，根据 SEM-EDS 分析结果，推测富含稀土的物质在成分上与氟碳铈矿类似，稀土元素可能吸附于风化作用形成的锰质氧化物中。

需要指出的是，本次对黏土岩中稀土元素赋存状态的分析仅是依据扫描电镜-能谱的分析结果，并不排除还有的稀土元素或以类质同象替代高岭石中 Al 元素而进入矿物晶格内，或以超微细粒独立矿物夹杂于高岭石颗粒之间。

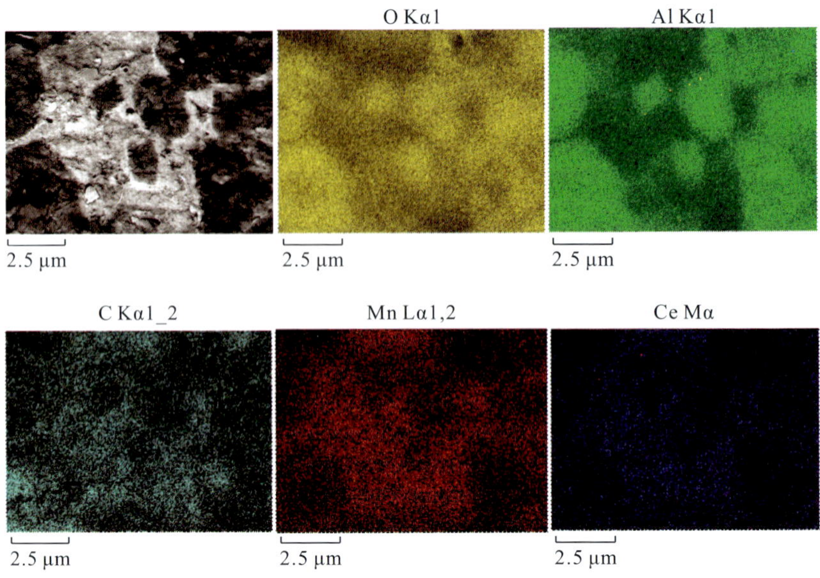

图 4-25 样品扫描电镜-能谱(SEM-EDS)面扫描

四、镓的赋存状态

镓的离子半径与铝的接近，Ga 通常会以类质同象形式替代含铝矿物中的铝(代世峰等，2024)。相关性分析表明，Ga 与 Al_2O_3之间具有极显著的正相关性($R=0.492$，$p<0.01$，$n=45$)[图 4-11(b)]，与 K_2O($R=$ 0.490，$p<0.01$)和 Na_2O($R=-0.366$，$p<0.01$)具有极显著的负相关性(图 4-26)，指示 Ga 可能主要赋存于高岭石中。

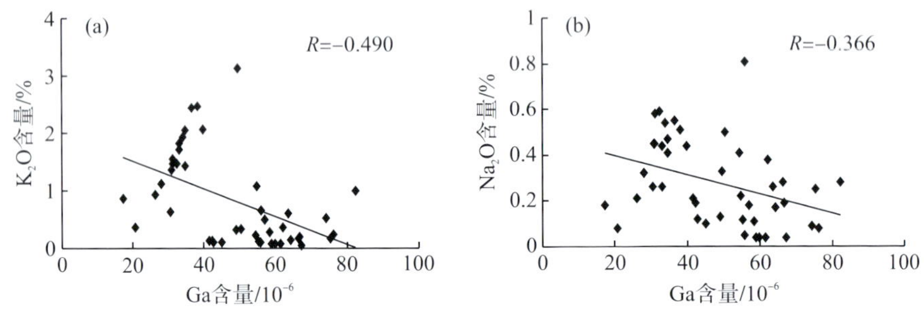

图 4-26 Ga 与 K_2O(a)、Ga 与 Na_2O(b)相关性分析

五、钴的赋存状态

目前关于铝土矿中伴生钴的赋存形式研究较少，认为钴主要以类质同象的形式产于黄铁矿中，其次为钴的独立矿物辉砷钴矿(Long et al.，2020；王宇非等，

2021)。本区黏土岩中普遍含有黄铁矿，但不同期次的黄铁矿中 Co 含量相对较低，3 个钻孔黏土岩样品中 Co 和 Ni 具有极显著的正相关性(R=0.607，p<0.01，n=45)(图 4-27)，钴可能赋存于富镍的矿物相中，也有一部分可能类似于红土型 Ni-Co 矿床，以吸附的形式赋存于高岭石和蒙脱石中，在含黄铁矿高岭石黏土岩中，还有一部分以类质同象的形式赋存于黄铁矿之中。

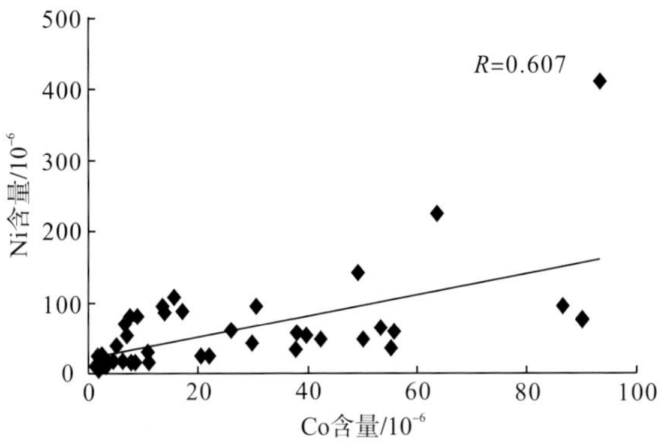

图 4-27　Co 与 Ni 相关性分析

六、锆(铪)的赋存状态

Zr 和 Hf 通常赋存于锆石中，少量赋存于 Ti 矿物中。样品中 Zr 与 Hf 呈现极显著的正相关关系(R=0.995，p<0.01，n=45)，回归线几乎通过原点[图 4-28(a)]，表明 Zr 和 Hf 赋存于相同载体，且在含矿岩系形成过程中彼此之间并没有发生明显的分异作用。Zr/Hf 之比为 41.6，与花岗岩中锆石的 Zr/Hf 质量分数比 38.5(Xu et al.，2017)相近，另外 Zr 与 TiO_2 的相关性差(R=0.279，p<0.01，n=45)[图 4-28(b)]，表明锆石是 Zr 和 Hf 的主要载体矿物。

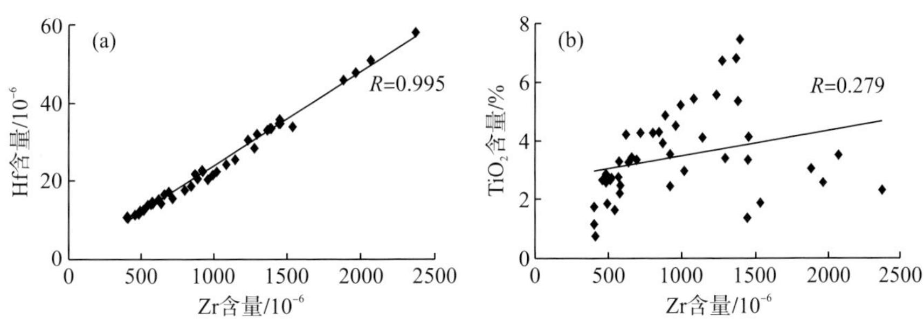

图 4-28　Zr 与 Hf(a)、Zr 与 TiO_2(b)相关性分析

第五章　稀土元素的组成及资源价值

川南兴文-叙永地区龙潭组下部高岭石黏土岩中普遍富集稀土元素，所分析的样品绝大部分达到了风化壳型矿床的边界品位，较多达到了最低工业品位。对稀土元素的赋存状态分析表明，川南黏土岩中的稀土与南方离子吸附型稀土不尽相同，除了被黏土矿物吸附的离子型稀土外，还存在微米级的稀土独立矿物，这些特征显示了这一地区的稀土资源具有重要的找矿意义和巨大的潜在经济价值。

虽然稀土元素电子结构和化学性质相近，但其物理性质差异明显，使得其在新材料领域的应用具有显著差异，因而未来对于不同稀土元素的需求存在巨大的差异，元素间消费趋势差异明显(代涛等，2022)。因此，对稀土资源评价时不仅要考虑稀土总量的高低，而且不同元素的含量及所占比例也是需要关注的重要方面。另外，稀土元素配分模式是反映稀土组成、来源的重要指标。本次对研究区黏土岩的稀土元素含量及配分模式进行了分析，特别讨论了 REO 含量达到最低工业指标(0.08%)的样品中不同供需稀土元素的比例，以确定本区稀土的潜在资源价值。

第一节　稀土元素含量及配分

一、兴文地区

兴文地区 40 件样品的稀土元素分析结果见表 5-1。不同类型样品∑REE 含量变化很大，在 253×10^{-6}～3407×10^{-6}，平均值为 812×10^{-6}；LREE/HREE 比值为 1.15～10.28，平均值为 4.26；$(La/Yb)_N$ 在 2.85～46.18，平均值为 9.92，稀土配分呈右倾型，为轻稀土富集型；δEu 为 0.47～0.91(平均为 0.67)，总体具中等的 Eu 负异常；δCe 为 0.52～2.86(平均为 1.29)，总体具有弱 Ce 正异常(表 5-1，图 5-1)。三种岩(矿)石中稀土含量及配分模式存在一定差异(表 5-1，图 5-1)，但相比而言，含黄铁矿高岭土黏土岩的稀土含量相对较高，δEu、δCe 变化更大。总体来看，三种不同类型的岩(矿)石稀土配分模式与峨眉山玄武岩较为相似。

表 5-1　兴文地区不同岩(矿)石稀土元素分析结果表

样品	岩性	La /10^{-6}	Ce /10^{-6}	Pr /10^{-6}	Nd /10^{-6}	Sm /10^{-6}	Eu /10^{-6}	Gd /10^{-6}	Tb /10^{-6}	Dy /10^{-6}	Ho /10^{-6}	Er /10^{-6}	Tm /10^{-6}
CN01-1	高岭石黏土岩	110	156	12.4	39.6	10.6	3.64	20.2	4.58	33.6	6.76	19.5	2.96
CN02-1		51.3	270	8.3	28.7	6.04	1.83	7.3	1.54	10	2.07	6.03	1.01
CN04-1		137	300	31	120	14.2	3.29	11.6	2.04	12.3	2.46	6.88	1.06
CN06-1		72.6	99	11	34.4	6.98	1.86	11.7	2.71	20.7	4.43	13.2	2.01
CN07-1		171	357	42.5	190	32.2	5.75	26.4	3.93	22.2	4.1	11.1	1.65
CN08-1		110	248	26.2	111	16.7	4.22	15.2	2.36	13.2	2.55	6.86	1.03
CN19-1		262	474	68.6	308	51	9.33	39	5.19	25.6	4.56	12.2	1.78
CN04-2	含黄铁矿高岭石黏土岩	140	327	35.2	140	19.3	3.31	18.2	3.1	19.4	3.74	10.5	1.64
CN06-2		78.5	209	19.7	73.4	13.8	3.72	13.6	2.2	12.4	2.32	6.10	0.90
CN07-2		155	321	37.2	141	18.1	3.85	15.8	2.67	16.9	3.52	10.3	1.59
CN09-2		40.3	103	7.86	25.1	3.47	0.723	4.39	1.13	8.49	1.95	6.11	1.07
CN12-1		39	171	8.44	32	8.31	2.58	10.9	2.33	15.7	3.06	8.76	1.39
CN14-1		312	716	51.8	194	20.5	3.23	16.1	2.79	17.2	3.54	10.6	1.72
CN15-1		144	325	33.5	130	19.4	4.24	18	2.83	17.4	3.56	10.1	1.58
CN16-1		79.4	190	17.8	53.3	6.95	1.41	7.38	1.54	10.6	2.23	6.49	1.04
CN19-2		193	398	44.7	192	27.7	5.27	18.9	2.95	19.1	4.05	12.2	1.95
CN20-1		129	312	34.5	155	27.9	5.46	26	3.68	19.6	3.55	9.63	1.45
CN56-1		132	335	32.5	126	11.4	1.8	7.92	1.48	9.86	2.36	8.13	1.46
CN57-2		54.6	314	11.8	48.5	11.2	2.68	10.2	1.78	11.1	2.28	6.56	1.07
CN58-2		48.7	92	7.47	27.5	6.42	1.45	8.3	1.67	11.8	2.62	8.11	1.32
CN64-1		71.2	121	18.2	73.0	14.7	3.24	13.1	2.24	13.4	2.59	6.9	1.05
CN68-1		69.8	194	13.2	45.2	9.14	2.08	11.3	2.15	14.4	3	8.9	1.42
CN75-2		205	340	33.8	111	9.72	1.74	9.55	1.9	13.3	2.96	9.03	1.47
CN77-1		301	1731	141	745	157	30.3	105	12.7	49.5	5.96	13.5	1.94
CN52-2		87.8	332	16.9	56	10.4	2.16	8.94	1.52	8.34	1.62	4.42	0.72
CN03-1		100	209	17.7	53	10.4	2.59	13.4	2.71	18.4	3.69	10.4	1.6
CN05-1		154	423	49.3	250	48.3	9.57	29	4.04	24.8	5.01	14.3	2.1
CN05-2		92.6	261	18.8	57.4	8.8	1.88	10.1	2	13.2	2.73	7.56	1.17
CN11-3		624	637	109	384	51.3	11.6	30.9	4.15	21	3.74	9.79	1.41
CN13-1		47.8	146	8.82	32	6.59	1.77	8.18	1.62	11	2.25	6.57	1.04
CN55-2		474	510	111	487	72.8	19.8	55.9	5.15	24.5	4.74	13.5	2.04
CN59-1		32	171	6.77	25.3	6.04	1.53	5.94	1.25	8.24	1.75	5.08	0.858
CN76-1		66.5	205	16.6	68.5	13.7	1.74	7.3	1.21	6.75	1.41	4.04	0.675
CN79-1		131	424	30.8	114	12	2	12.4	2.5	17	3.56	10.4	1.63
CN80-1		52.7	144	9.35	32.8	5.58	1.07	6.32	1.31	8.3	1.74	5.09	0.851

续表

样品	岩性	La /10^{-6}	Ce /10^{-6}	Pr /10^{-6}	Nd /10^{-6}	Sm /10^{-6}	Eu /10^{-6}	Gd /10^{-6}	Tb /10^{-6}	Dy /10^{-6}	Ho /10^{-6}	Er /10^{-6}	Tm /10^{-6}
CN09-4	碳质黏土岩	146	335	39.8	185	32.1	7.76	29.5	4.09	22	3.98	10.4	1.5
CN17-2		130	275	27.7	98.8	17.3	4.09	21.4	4.22	28	5.34	14.5	2.16
CN19-3		238	443	51.6	198	29.2	4.46	27.9	4.5	27.6	5.23	14.5	2.2
CN53-2		110	242	26.4	109	16.1	3.88	14.4	2.27	12.8	2.46	6.64	1.01
CN02-3		102	190	14.7	39.3	9.31	2.48	14.2	2.82	18.5	3.54	9.94	1.54

样品	岩性	Yb /10^{-6}	Lu /10^{-6}	Y /10^{-6}	ΣREE /10^{-6}	REO /%	ΣLREE /10^{-6}	ΣHREE /10^{-6}	LREE/ HREE	δEu	δCe	$(La/Yb)_N$
CN01-1	高岭石黏土岩	19.1	2.71	180	622	0.075	332.24	289.41	1.15	0.75	0.85	3.88
CN02-1		6.96	1.05	56.1	458	0.056	366.17	92.06	3.98	0.84	2.86	4.97
CN04-1		6.73	1	65.1	715	0.086	605.49	109.17	5.55	0.76	1.07	13.72
CN06-1		13	1.91	123	419	0.051	225.84	192.66	1.17	0.63	0.76	3.77
CN07-1		10.5	1.54	127	1007	0.121	798.45	208.42	3.83	0.59	0.98	10.98
CN08-1		6.61	0.992	67.4	632	0.076	516.12	116.202	4.44	0.80	1.08	11.22
CN19-1		11.4	1.62	123	1397	0.167	1172.93	224.35	5.23	0.62	0.83	15.49
CN04-2	含黄铁矿高岭石黏土岩	10.9	1.6	93.5	827	0.100	664.81	162.58	4.09	0.53	1.09	8.66
CN06-2		5.54	0.83	62.7	505	0.061	398.12	106.592	3.73	0.82	1.25	9.55
CN07-2		10.6	1.54	92.2	831	0.100	676.15	155.12	4.36	0.68	0.99	9.86
CN09-2		7.33	1.11	40.8	253	0.031	180.453	72.38	2.49	0.57	1.31	3.71
CN12-1		9.23	1.32	77.8	392	0.048	261.33	130.49	2.00	0.83	2.17	2.85
CN14-1		11.7	1.71	93.6	1456	0.176	1297.53	158.96	8.16	0.53	1.24	17.98
CN15-1		10.5	1.52	87.6	809	0.098	656.14	153.09	4.29	0.68	1.09	9.25
CN16-1		6.61	0.989	53.5	439	0.053	348.86	90.379	3.86	0.60	1.17	8.10
CN19-2		12.8	1.92	120	1055	0.127	860.67	193.87	4.44	0.67	1.00	10.17
CN20-1		9.4	1.41	91.9	830	0.100	663.86	166.62	3.98	0.61	1.10	9.25
CN56-1		10.5	1.59	59.9	742	0.089	638.7	103.2	6.19	0.55	1.20	8.48
CN57-2		7.2	1.08	68.1	552	0.067	442.78	109.37	4.05	0.75	2.85	5.11
CN58-2		8.9	1.36	71.6	299	0.036	183.54	115.68	1.59	0.61	1.04	3.69
CN64-1		6.7	1	72.5	421	0.051	301.34	119.48	2.52	0.70	0.79	7.16
CN68-1		9.4	1.36	79.2	465	0.056	333.42	131.13	2.54	0.63	1.44	5.01
CN75-2		10.1	1.5	76.4	827	0.100	701.26	126.21	5.56	0.55	0.90	13.68
CN77-1		12.3	1.69	99.5	3407	0.409	3105.3	302.09	10.28	0.68	2.01	16.50
CN52-2		4.62	0.698	36.6	573	0.069	505.26	67.478	7.49	0.67	1.95	12.81
CN03-1		10.5	1.52	98.4	553	0.067	392.69	160.62	2.44	0.67	1.11	6.42
CN05-1		13.6	1.97	142	1171	0.141	934.17	236.82	3.94	0.72	1.16	7.63
CN05-2		7.48	1.1	76.6	562	0.068	440.48	121.94	3.61	0.61	1.43	8.35
CN11-3		9.11	1.33	111	2009	0.240	1816.9	192.43	9.44	0.83	0.54	46.18
CN13-1		6.8	1	60.3	342	0.041	242.98	98.76	2.46	0.74	1.60	4.74

续表

样品	岩性	Yb /10^{-6}	Lu /10^{-6}	Y /10^{-6}	ΣREE /10^{-6}	REO /%	ΣLREE /10^{-6}	ΣHREE /10^{-6}	LREE/ HREE	δEu	δCe	$(La/Yb)_N$
CN55-2	含黄铁矿高岭石黏土岩	13.9	2.04	141	1937	0.231	1674.6	262.77	6.37	0.91	0.52	22.99
CN59-1		6.04	0.893	36.8	309	0.038	242.64	66.851	3.63	0.77	2.67	3.57
CN76-1		4.4	0.684	31.9	430	0.052	372.04	58.369	6.37	0.48	1.45	10.19
CN79-1		10.4	1.52	93.7	867	0.105	713.8	153.11	4.66	0.50	1.55	8.49
CN80-1		5.61	0.873	39.1	315	0.038	245.5	69.194	3.55	0.55	1.45	6.33
CN09-4	碳质黏土岩	9.47	1.4	103	931	0.112	745.66	185.34	4.02	0.76	1.04	10.39
CN17-2		14.1	1.97	139	784	0.095	552.89	230.69	2.40	0.65	1.05	6.22
CN19-3		14.4	2.05	141	1204	0.145	964.26	239.38	4.03	0.47	0.92	11.14
CN53-2		6.36	0.957	67.9	622	0.075	507.38	114.797	4.42	0.76	1.05	11.66
CN02-3		10.1	1.44	106	526	0.064	357.79	168.08	2.13	0.66	1.05	6.81

注：稀土标准化值引自 Boynton(1984)的研究。

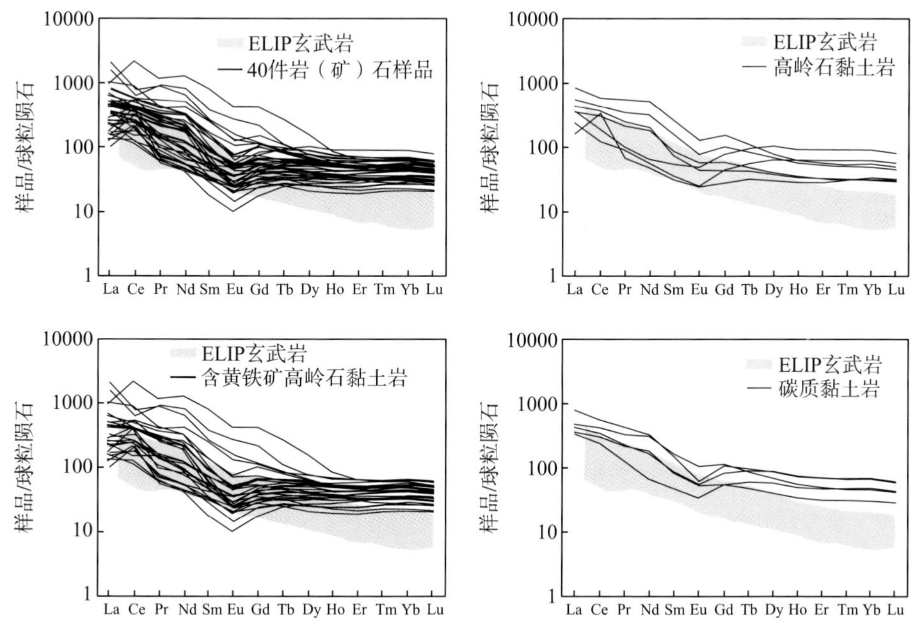

图 5-1 兴文地区样品稀土元素球粒陨石标准化配分模式图

灰色区域为峨眉山玄武岩稀土元素标准化配分模式图范围(Zhang et al.，2016)

二、叙永地区

从叙永地区的 54 件岩(矿)石样品中，选取稀土氧化物总量达到最低工业品位(0.08%)的 17 件样品，对各稀土元素进行了分析，结果见表 5-2。17 件样品中，∑REE 含量变化很大，在 678×10^{-6}～1873×10^{-6}之间，平均值为 907×10^{-6}；LREE/

HREE比值为2.44～8.23，平均值为4.26，$(La/Yb)_N$为5.15～24.57，平均值为11.74，稀土配分呈右倾型，为轻稀土富集型；δEu为0.38～0.77，平均值为0.59，总体具中等的Eu负异常；δCe为0.62～1.38，平均值为0.95，大部分样品具有弱Ce正异常(表5-2，图5-2)。不同岩(矿)石稀土配分型大致相同，相比而言含黄铁矿高岭石黏土岩的稀土总体含量较高，δEu、δCe变化更大。总体上，三种不同类型的岩(矿)石稀土配分模式与峨眉山玄武岩较为相似(图5-2)。

表5-2 叙永地区达到最低工业品位样品稀土元素分析结果

样品	岩性	La $/10^{-6}$	Ce $/10^{-6}$	Pr $/10^{-6}$	Nd $/10^{-6}$	Sm $/10^{-6}$	Eu $/10^{-6}$	Gd $/10^{-6}$	Tb $/10^{-6}$	Dy $/10^{-6}$	Ho $/10^{-6}$	Er $/10^{-6}$	Tm $/10^{-6}$
XY-02-1	含黄铁矿高岭石黏土岩	138	327	39.4	136	15.4	2.36	13.2	2.89	20.7	4.34	13.7	2.21
XY-22-2		360	459	81.2	313	45.3	8.37	36.2	5.03	26.6	4.66	12.1	1.63
XY-25-1		145	233	34.6	136	21.5	5.27	19.5	2.96	16.6	3.14	8.91	1.28
XY-31-1		241	349	48.4	174	25.7	4.04	21.4	3.36	21.4	4.57	14	1.88
XY52-1		124	338	40.6	160	26.7	5.37	23.6	3.83	24.5	4.98	15.2	2.19
XY-59-2		110	301	29.1	113	32.6	5.72	31.9	4.95	27.6	5.01	14.5	2.14
XY-62-1		269	897	90.7	351	54.7	7.91	40	5.47	27.6	4.71	12.4	1.71
XY-01-2	碳质高岭石黏土岩	141	302	34.2	120	20.4	2.75	23.8	4.77	31.6	6.04	17.5	2.48
XY-03-3		143	309	36.8	138	21.1	4.2	17.5	2.87	16.9	3.14	8.88	1.27
XY-17-4		148	320	39.4	154	26.2	5.05	20.8	3.22	18	3.27	9.06	1.28
XY-35-1		146	310	38.6	144	20.9	4.66	17.4	2.76	16.7	3.24	9.52	1.38
XY-51-2		131	265	32.8	126	20.6	4.13	18.1	2.98	17.5	3.24	8.99	1.27
XY-03-5	高岭石黏土岩	142	282	33.5	119	16.5	3.03	15	2.62	16.3	3.21	9.45	1.37
XY-15-1		168	218	38	142	20.8	4.4	18.4	3.12	19.4	3.75	10.8	1.56
XY-22-1		202	295	44.9	172	25.3	5.13	22.6	3.35	18	3.16	8.27	1.13
XY-54-2		132	254	25	81.7	22.2	3.54	23.2	3.88	22.6	4.08	11.6	1.72
XY-55-1		129	260	31.9	119	16.7	3.62	13.6	2.3	14.1	2.78	8.28	1.2

样品	岩性	Yb $/10^{-6}$	Lu $/10^{-6}$	Y $/10^{-6}$	ΣREE $/10^{-6}$	REO /%	ΣLREE $/10^{-6}$	ΣHREE $/10^{-6}$	LREE/HREE	δEu	δCe	$(La/Yb)_N$
XY-02-1	含黄铁矿高岭石黏土岩	15	2.33	80.5	813	0.098	658.16	154.87	4.25	0.49	1.05	6.20
XY-22-2		9.88	1.48	118	1482	0.177	1266.87	215.58	5.88	0.61	0.62	24.57
XY-25-1		8.19	1.21	85.6	723	0.087	575.37	147.39	3.90	0.77	0.77	11.94
XY-31-1		11	1.64	139	1060	0.127	842.14	218.25	3.86	0.51	0.74	14.77
XY52-1		13.9	2.11	123	908	0.109	694.67	213.31	3.26	0.64	1.14	6.01
XY-59-2		14.4	2.16	126	820	0.099	591.42	228.66	2.59	0.54	1.26	5.15
XY-62-1		10.8	1.58	98.6	1873	0.226	1670.31	202.87	8.23	0.49	1.38	16.79

续表

样品	岩性	Yb /10^{-6}	Lu /10^{-6}	Y /10^{-6}	ΣREE /10^{-6}	REO /%	ΣLREE /10^{-6}	ΣHREE /10^{-6}	LREE/ HREE	δEu	δCe	$(La/Yb)_N$
XY-01-2	碳质高岭石黏土岩	15.2	2.16	151	875	0.106	620.35	254.55	2.44	0.38	1.02	6.25
XY-03-3		8.07	1.22	76.6	789	0.095	652.1	136.45	4.78	0.65	1.00	11.95
XY-17-4		8.06	1.22	75.8	833	0.100	692.65	140.71	4.92	0.64	0.99	12.38
XY-35-1		8.77	1.33	78.3	804	0.097	664.16	139.4	4.76	0.73	0.97	11.22
XY-51-2		7.97	1.21	75.9	717	0.086	579.53	137.16	4.23	0.64	0.95	11.08
XY-03-5	高岭石黏土岩	8.81	1.35	75.5	730	0.088	596.03	133.61	4.46	0.58	0.95	10.87
XY-15-1		9.78	1.48	102	761	0.091	591.2	170.29	3.47	0.67	0.63	11.58
XY-22-1		6.88	1.04	77.2	886	0.106	744.33	141.63	5.26	0.49	0.72	19.79
XY-54-2		11	1.64	83.2	681	0.082	518.44	162.92	3.18	0.59	1.00	8.09
XY-55-1		7.88	1.21	66.2	678	0.081	560.22	117.55	4.77	0.57	0.95	11.04

注：稀土标准化值引自 Boynton(1984)的研究。

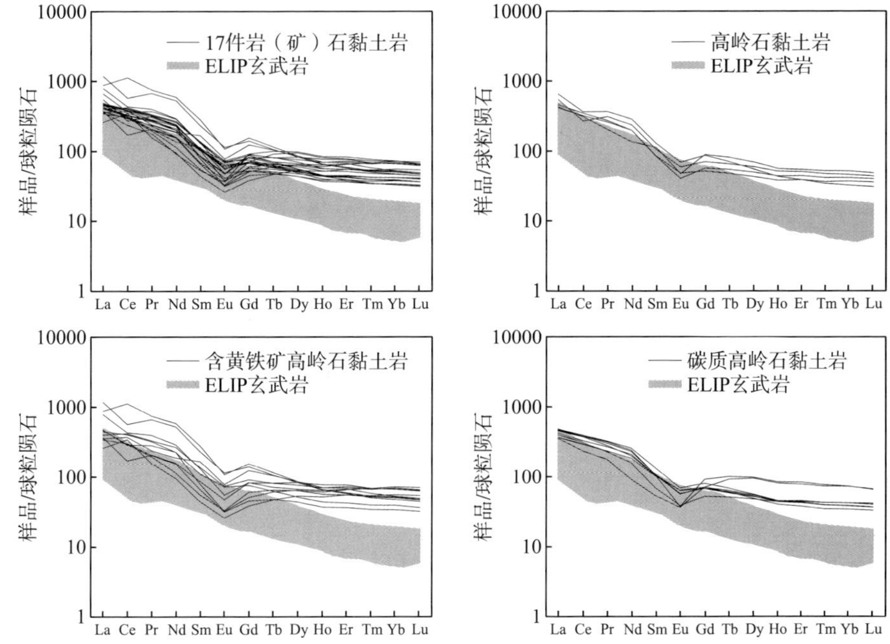

图 5-2　叙永地区样品稀土元素球粒陨石标准化配分模式图

灰色区域为峨眉山玄武岩稀土元素标准化模式图范围(Zhang et al., 2016)

第二节　稀土的资源价值

不同稀土元素的含量组成是评价稀土资源工业价值的重要考量指标(Seredin

et al.，2010；王学求等，2022；Liu et al.，2023）。稀土元素虽然电子结构和化学性质相近，但物理性质差异明显，使得其在新材料领域的应用具有显著差异，因而在对不同稀土元素的需求上存在显著的差异。代涛等(2022)依据稀土历史消费数据、文献资料、实地调研、专家咨询等，预计到2040年，中国稀土的可供量为44.2 万 t；从稀土元素来看，镨(Pr)、钕(Nd)、镝(Dy)等元素需求增长明显，供需形势紧张，镧(La)、铈(Ce)、钐(Sm)和铽(Tb)等仅能满足一般需求，铕(Eu)和钇(Y)过剩(代涛等，2022)。因此，如果某一稀土资源以供给过剩的Ce、Eu为主，即使其资源量很大，重要性也会降低，而如果稀土资源以供给不足的Pr、Nd、Dy为主，则即使品位较低，也值得被重视。

一、兴文地区

根据代涛等(2022)对我国稀土元素供需的预测，兴文地区19件达到最低工业品位样品供需紧张的稀土元素(Pr、Nd、Dy)、供需基本满足需求的稀土元素(La、Ce、Sm、Tb)以及过剩的稀土元素(Eu、Y)的含量和所占比例见表5-3、图5-3。从表5-3、图5-3可以看出，样品Pr、Nd、Dy的含量合计为154.5×10^{-6}～935.5×10^{-6}，平均值为299.0×10^{-6}，占稀土总量的24.0%；La、Ce、Sm、Tb含量合计为426.5×10^{-6}～2201.7×10^{-6}，平均值为731.9×10^{-6}，占稀土总量的60.5%；(Pr、Nd、Dy)+(La、Ce、Sm、Tb)含量合计为581.0×10^{-6}～3137.2×10^{-6}，平均值为1030.9×10^{-6}，占稀土总量的84.5%；而Eu、Y含量低，合计为68.4×10^{-6}～160.8×10^{-6}，平均值为112.5×10^{-6}，仅占稀土总量的10.5%。

表5-3 兴文地区达到最低工业品位样品中不同供需稀土元素的含量及所占比例

样品	ΣREE /10^{-6}	(Pr、Nd、Dy) /10^{-6}	(La、Ce、Sm、Tb) /10^{-6}	(Eu、Y) /10^{-6}	[(Pr、Nd、Dy)+(La、Ce、Sm、Tb)] /10^{-6}	(Pr、Nd、Dy)/REE /%	(La、Ce、Sm、Tb) /REE/%	(Eu、Y) /REE /%	[(Pr、Nd、Dy)+(La、Ce、Sm、Tb)] /REE/%
CN04-1	715	163.3	453.2	68.4	616.5	22.8	63.4	9.6	86.2
CN07-1	1007	254.7	564.1	132.8	818.8	25.3	56.0	13.2	81.3
CN19-1	1397	402.2	792.2	132.3	1194.4	28.8	56.7	9.5	85.5
CN04-2	827	194.6	489.4	96.8	684.0	23.5	59.2	11.7	82.7
CN07-2	831	195.1	496.8	96.0	691.9	23.5	59.8	11.6	83.3
CN14-1	1456	263	1051.3	96.8	1314.3	18.1	72.2	6.7	90.3
CN15-1	809	180.9	491.2	91.8	672.1	22.4	60.7	11.4	83.1
CN19-2	1055	255.8	621.6	125.3	877.4	24.2	58.9	11.9	83.2
CN20-1	830	209.1	472.6	97.4	681.7	25.2	56.9	11.7	82.1
CN56-1	742	168.36	479.9	61.7	648.2	22.7	64.7	8.3	87.4
CN75-2	827	158.1	556.6	78.1	714.7	19.1	67.3	9.4	86.4

续表

样品	ΣREE /10^{-6}	(Pr、Nd、Dy) /10^{-6}	(La、Ce、Sm、Tb) /10^{-6}	(Eu、Y) /10^{-6}	[(Pr、Nd、Dy)+(La、Ce、Sm、Tb)] /10^{-6}	(Pr、Nd、Dy)/REE /%	(La、Ce、Sm、Tb) /REE/%	(Eu、Y) /REE /%	[(Pr、Nd、Dy)+(La、Ce、Sm、Tb)] /REE/%
CN77-1	3407	935.5	2201.7	129.8	3137.2	27.5	64.6	3.8	92.1
CN05-1	1171	324.1	629.3	151.6	953.4	27.7	53.7	12.9	81.4
CN11-3	2009	514	1316.4	122.6	1830.4	25.6	65.5	6.1	91.1
CN55-2	1937	622.5	1061.9	160.8	1684.4	32.1	54.8	8.3	87.0
CN79-1	867	161.8	569.5	95.7	731.3	18.7	65.7	11.0	84.3
CN09-4	931	246.8	517.2	110.8	764.0	26.5	55.6	11.9	82.1
CN17-2	784	154.5	426.5	143.1	581.0	19.7	54.4	18.3	74.1
CN19-3	1204	277.2	714.7	145.5	991.9	23.0	59.4	12.1	82.4
平均值	1200	299.0	731.9	112.5	1030.9	24.0	60.5	10.5	84.5

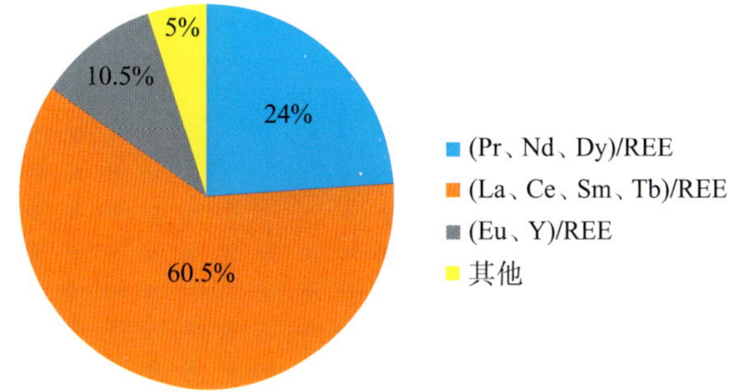

图 5-3 兴文地区样品中不同供需稀土元素所占稀土总量的比例

二、叙永地区

叙永地区 17 件达到最低工业品位样品供需紧张的稀土元素(Pr、Nd、Dy)、供需基本满足需求的稀土元素(La、Ce、Sm、Tb)以及过剩的稀土元素(Eu、Y)的含量以及所占比例见(表 5-4、图 5-4)。

表 5-4 叙永地区达到最低工业品位样品中不同供需稀土元素的含量及所占比例

样号	ΣREE /10^{-6}	(Pr、Nd、Dy) /10^{-6}	(La、Ce、Sm、Tb) /10^{-6}	(Eu、Y) /10^{-6}	[(Pr、Nd、Dy)+(La、Ce、Sm、Tb)] /10^{-6}	(Pr、Nd、Dy)/REE /%	(La、Ce、Sm、Tb) /REE/%	(Eu、Y) /REE/%	[(Pr、Nd、Dy)+(La、Ce、Sm、Tb)] /REE/%
XY-02-1	813	196.1	483.3	82.9	679.4	24.1	59.4	10.2	83.6
XY-22-2	1482	420.8	869.3	126.4	1290.1	28.4	58.7	8.5	87.1
XY-25-1	723	187.2	402.5	90.9	589.7	25.9	55.7	12.6	81.6
XY-31-1	1060	243.8	619.1	143.0	862.9	23.0	58.4	13.5	81.4
XY-52-1	908	225.1	492.5	128.4	717.6	24.8	54.2	14.1	79.0

续表

样号	ΣREE /10^{-6}	(Pr、Nd、Dy) /10^{-6}	(La、Ce、Sm、Tb) /10^{-6}	(Eu、Y) /10^{-6}	[(Pr、Nd、Dy)+(La、Ce、Sm、Tb)] /10^{-6}	(Pr、Nd、Dy)/REE /%	(La、Ce、Sm、Tb) /REE/%	(Eu、Y) /REE/%	[(Pr、Nd、Dy)+(La、Ce、Sm、Tb)] /REE/%
XY-59-2	820	169.7	448.6	131.7	618.3	20.7	54.7	16.1	75.4
XY-62-1	1873	469.3	1226.2	106.5	1695.5	25.1	65.5	5.7	90.5
XY-01-2	875	185.8	468.2	153.8	654.0	21.2	53.5	17.6	74.7
XY-03-3	789	191.7	476.0	80.8	667.7	24.3	60.3	10.2	84.6
XY-17-4	833	211.4	497.4	80.9	708.8	25.4	59.7	9.7	85.1
XY-35-1	804	199.3	479.7	83.0	679.0	24.8	59.7	10.3	84.4
XY-51-2	717	176.3	419.6	80.0	595.9	24.6	58.5	11.2	83.1
XY-03-5	730	168.8	443.1	78.5	611.9	23.1	60.7	10.8	83.8
XY-15-1	761	199.4	409.9	106.4	609.3	26.2	53.9	14.0	80.1
XY-22-1	886	234.9	525.7	82.3	760.6	26.5	59.3	9.3	85.8
XY-54-2	681	129.3	412.1	86.7	541.4	19.0	60.5	12.7	79.5
XY-55-1	678	165.0	408.0	69.8	573.0	24.3	60.2	10.3	84.5
平均值	908	222.0	534.2	100.7	756.2	24.2	58.4	11.6	82.6

从表 5-4、图 5-4 可以看出，样品 Pr、Nd、Dy 的含量合计为 129.3×10^{-6}～469.3×10^{-6}，平均值为 222.0×10^{-6}，占稀土总量的 24.2%；La、Ce、Sm、Tb 含量合计为 402.5×10^{-6}～1226.2×10^{-6}，平均值为 534.2×10^{-6}，占稀土总量的 58.4%；(Pr、Nd、Dy)+(La、Ce、Sm、Tb) 含量合计为 541.4×10^{-6}～1695.5×10^{-6}，平均值为 756.2×10^{-6}，占稀土总量的 82.6%；而 Eu、Y 含量低，合计为 69.8×10^{-6}～153.8×10^{-6}，平均值为 100.7×10^{-6}，仅占稀土总量的 11.6%(图 5-4)。

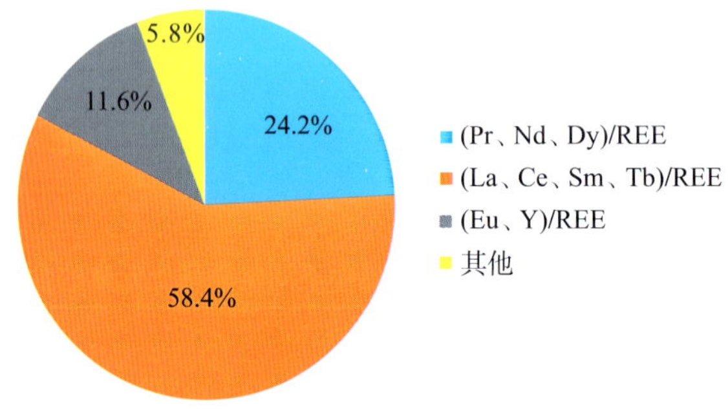

图 5-4 叙永地区样品不同供需稀土元素所占稀土总量的比例

上述稀土元素的含量特征表明，兴文、叙永地区不同供需稀土元素所占稀土总量的比例基本相同，在达到最低工业品位的样品中供需紧张的稀土元素(Pr、Nd、Dy)和供需基本满足需求的稀土元素(La、Ce、Sm、Tb)相对含量较高，过剩的稀土元素(Eu、Y)的含量较低，具有较高的工业价值，是值得重视的稀土资源。

第六章　黏土型锂等关键金属富集过程及成矿模式

黏土型锂等关键金属矿床从成因类型上属于风化-沉积型，其富集成矿过程受到物源区、风化搬运以及沉积成岩等多种因素影响与控制，分析不同阶段地质作用对关键金属富集成矿的影响与控制，对于探讨成矿机理及地质找矿具有重要的意义。

第一节　高岭石黏土岩及成矿物质的来源

研究区锂等关键金属赋存于高岭石黏土岩之中，高岭石是大陆风化作用的产物，分析高岭石黏土岩的来源及形成过程，就是探讨本区黏土型锂等关键金属矿床的成矿物质来源。

前人依据川南地区龙潭组黏土岩中含有火山碎屑物，并结合区域地质特征，认为高岭石黏土岩与峨眉山玄武岩火山喷发作用有关(邓守和，1986)。近年来，不同学者采用地球化学、矿物学等方法对龙潭组的物源进行了研究，认为川南泸州地区龙潭组物源复杂，主要为峨眉山玄武岩及部分长英质火山岩(陈聪等，2022)；滇东地区峨眉山玄武岩提供了主要的物源(张启明等，2015)，黔西南地区源岩为峨眉山玄武质和长英质火山岩(于鑫等，2017)。这些研究表明，上二叠统龙潭组物源较为复杂，且不同地区存在差异，但都认为晚二叠世峨眉山大火成岩省的火山活动为龙潭组黏土岩提供了物质来源。总体上，涉及川南地区龙潭组下部黏土岩物质来源的研究还比较薄弱。

本章根据样品中 Nb、Ta、Zr、Hf、Ti、Al 等不活动元素以及稀土元素的特征及相关比值，结合区域地质构造演化，分析了龙潭组黏土岩及成矿物质的来源。

Nb、Ta、Zr、Hf、Ti、Al 等不活动元素通常在表生、热液蚀变过程中保持恒定，依据 Al_2O_3/TiO_2、Zr/Hf、Nb/Ta 等元素含量比值的相似性可对沉积岩物源进行有效示踪(Zhong et al.，2013；Dai et al.，2014；Zhang et al.，2016)。基性、中性和酸性岩浆岩的 Al_2O_3/TiO_2 比值范围分别为 3～8、8～21、21～70(Hayashi et al.，1997)。兴文地区 ZK03、叙永地区 ZK05 岩心黏土岩样品，在 Al_2O_3-TiO_2 图解中(图 6-1)，样品主要落入中性岩和基性岩的范围内，仅有 3 件样品落入酸性岩的范围内。

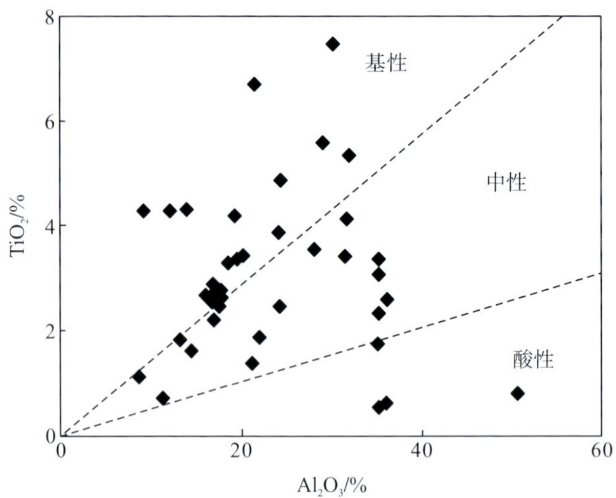

图 6-1　岩心黏土岩样品 Al_2O_3-TiO_2 二元图解[底图据 Winchester 等(1977)的研究]

沉积岩中 Zr、Hf 主要赋存于锆石之中，Nb、Ta 赋存于锐钛矿中(少量金红石和钛铁矿)(赵振华等，2008)，可有效示踪物质来源(Ballouard et al.，2016；吴福元等，2017)。兴文地区 ZK03、叙永地区 ZK05 岩心黏土岩样品，Nb/Ta 比值变化较小，为 7.12～15.3，低于球粒陨石值(19.9)(Münker 等，2003)，在 Nb/Ta-Zr/Hf 二元图解中，部分样品落入 ELIP 基性岩内，部分样品落入 ELIP 基性岩与 ELIP 中酸性岩的重叠区(图 6-2)。

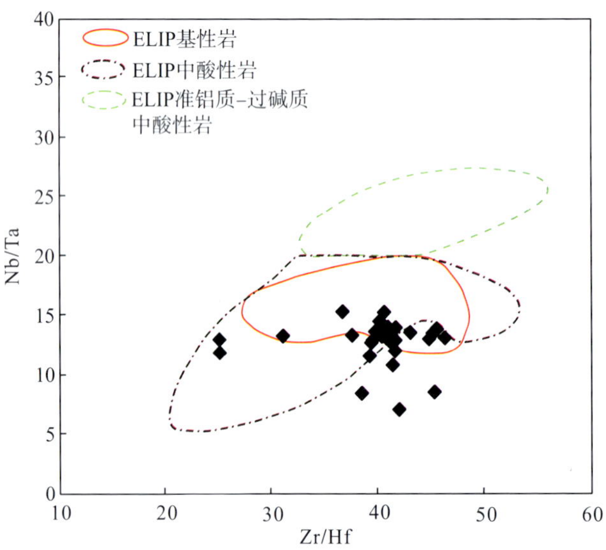

图 6-2　岩心样品 Nb/Ta-Zr/Hf 二元图解[底图据凌坤跃等(2021)的研究]

稀土元素具有较好地保留物源区地球化学信息的作用，常被用于判别沉积岩的物质来源。岩(矿)石样品稀土配分曲线(图 5-1，图 5-2)与峨眉山玄武岩的配分模式较为一致，均表现为右倾、轻稀土富集，且具有较高的 LREE/HREE 和 $(La/Yb)_N$ 的特征，反映其主要物源为峨眉山玄武岩。

此外，δEu 对于判别沉积岩的物源也具有较好的指示意义(刘英俊等，1984)，一般在中酸性火成岩风化形成的沉积岩中，具有明显的负 Eu 异常，而玄武岩等基性火成岩风化形成的沉积岩，则无 Eu 异常或具有弱 Eu 负异常，风化壳中 Eu 异常的形成主要由源岩物质组分所引起(Bau et al.，1992)。岩(矿)石样品稀土 δEu 变化较大(表 5-1，表 5-2)，为 0.38～0.91，平均值为 0.64，在 3 类岩(矿)石之间差别不大，总体上显示一个弱-中等的负 Eu 异常，与峨眉山玄武岩存在一定的差异，所以推测其物源除玄武岩之外，可能还有部分峨眉山大火成岩省的中酸性火成岩的贡献。在 $(La/Yb)_N$-∑REE 图解中(图 6-3)，大部分样品落入大陆拉斑玄武岩和碱性玄武岩区，少部分在花岗岩区，表明其物源主要来自峨眉山玄武岩，部分来自酸性岩石。这与峨眉山大火成岩省的火成岩岩性组成是契合的。

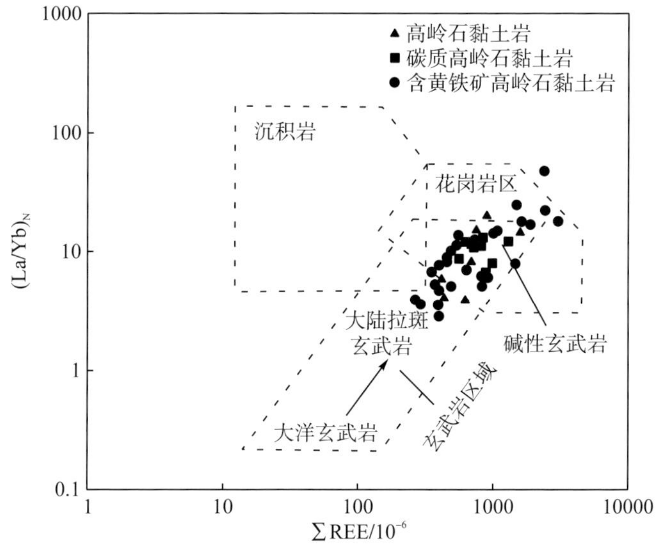

图 6-3 研究区 $(La/Yb)_N$-∑REE 判别图[底图据 Allègre(1978)的研究]

上述黏土岩的微量、稀土元素含量及相关参数表明，ELIP 的基性岩(玄武岩)以及中酸性岩均对龙潭组下部黏土岩的物源有所贡献。研究表明(Shellnutt，2014；Yang et al.，2015)，中-晚二叠世之交(guadalupian-lopingian boundary，GLB)ELIP 火山岩大规模喷发，早期岩性主要为玄武岩及火山碎屑，面积超过 25 万 km^2，到晚期还有粗面岩、流纹岩等长英质火山岩的喷发及少量花岗质岩体侵位，面积超过 1 万 km^2。ELIP 喷发形成的温室气体及酸雨导致火山岩强烈风化，形成的碎屑物被剥蚀搬运沉积在附近盆地，这一过程为川南地区龙潭组黏土岩提供了物源，同时也提供了成矿物质。

区域地质资料分析表明，发生在中二叠世晚期的东吴运动，导致包括川南地区在内的上扬子区发生隆升并引起大规模海退，中二叠统茅口组发生风化剥蚀作用(He et al.，2003：Sun et al.，2010)，之后峨眉山大火成岩省(ELIP)火山岩大规模喷发(Shellnutt et al.，2014；Yang et al.，2015)。在四川南部及邻接的云南、贵州地区，峨眉山玄武岩组(P_3e)覆于茅口组(P_2m)灰岩之上。峨眉山大火成岩省的火山岩遭受强烈风化，风化碎屑物被搬运沉积在附近盆地的不同环境中，由内而外具有明显的分带性，宣威组(P_3x)直接覆于峨眉山玄武岩组(P_3e)之上，龙潭组(P_3l)沉积于茅口组(P_2m)灰岩不整合面之上(Zhao et al.，2016a)，宣威组(P_3x)与龙潭组(P_3l)为相变关系。因此，从区域地质构造演化、地层的接触关系分析，龙潭组底部富锂等关键金属的黏土岩可能来自峨眉山玄武岩的风化产物。

综合上述元素地球化学特征，结合区域地质构造演化、地层接触关系等，本区龙潭组下部黏土岩主要来源于晚二叠世峨眉山大火成岩省的玄武岩，中酸性火成岩也有少量的贡献。

第二节　黄铁矿的地球化学特征及与关键金属富集

黄铁矿的形成受流体的氧逸度、pH、Eh 以及围岩成分等多种因素控制，因此其结构和化学成分可用来指示成矿的物理化学条件和形成环境，并广泛用作成矿过程演化的示踪性矿物(严育通等，2012；Tang et al.，2019)。

前面的研究表明，含黄铁矿高岭石黏土岩是本区主要的 Li 等关键金属富集岩(矿)石，在关键金属富集层中，发育有不同期次、形态各异、多种组构的黄铁矿。不同期次黄铁矿的微量元素及同位素地球化学特征，及其与 Li 等关键金属的富集关系是一个值得深入研究的问题，这对于揭示川南地区上二叠统龙潭组下部黄铁矿的成因、沉积环境，探讨 Li 等关键金属的富集成矿、矿床成因以及地质找矿等具有重要的意义。

20 世纪 80 年代，对研究区黄铁矿(硫铁矿)的研究主要涉及含矿层位、结构构造、期次及资源量等方面，初步分析了黄铁矿的成因(邓守和，1986)，但缺乏对不同期次黄铁矿的微量元素和同位素地球化学的深入研究。本节在对含黄铁矿高岭石黏土岩中黄铁矿期次分析确定的基础上，采用电子探针显微分析(EPMA)以及微区激光剥蚀多接收杯电感耦合等离子体质谱(LA-MC-ICP-MS)等测试方法，研究了黄铁矿的微量元素含量以及硫同位素组成特征，以分析黄铁矿成因、形成环境等，进而揭示与 Li 等关键金属富集成矿的关系。

一、样品采集与分析

在兴文地区 ZK02、ZK03 钻孔岩心中采集含黄铁矿的高岭石黏土岩，将样品制成光片进行矿物结构构造观察，在确定其形成期次的基础上，选取 8 件样品采用电子探针显微分析(EPMA)对黄铁矿化学成分进行原位微区定量分析，5 件样品采用激光剥蚀多接收杯电感耦合等离子体质谱(LA-MC-ICP-MS)原位分析黄铁矿硫同位素组成。

电子探针显微分析和硫同位素样品在中国地质科学院矿产资源研究所自然资源部成矿作用与资源评价重点实验室完成分析测试。黄铁矿硫同位素原位分析采用 LA-MC-ICP-MS 完成。193 nm ArF 准分子激光剥蚀系统由 Teledyne Cetac Technologies 制造，型号为 Analyte Excite。多接收杯电感耦合等离子体质谱仪(MC-ICP-MS)由英国 Nu Instruments 公司制造，型号为 Nu Plasma II。以文山黄铁矿($\delta^{34}S$=+1.1‰ V-CDT)作为外标，每 4 次测试重复外标。测试过程中以中国地质科学院国家地质实验测试中心 GBW 07267 黄铁矿压饼($\delta^{34}S$=+3.6‰)作为数据质量控制，长期的外部重现性约为±0.6‰(1 倍 SD)。

二、黄铁矿形态结构特征

经手标本及光片观察分析，矿层中的矿石矿物为黄铁矿(80%～95%)、白铁矿(5%～15%)和少量胶黄铁矿(5%)，其他金属矿物偶见。黄铁矿的结构形态有四种：①呈立方晶体的细粒状(白铁矿呈矛状)，粒度多小于 0.04 mm；②由细小晶体组成 0.1～4 mm 大小的聚晶团粒状；③沿裂隙充填的粗粒板状晶体；④自生的莓状黄铁矿。一般以结构稳定的立方体集合体出现，并组成各种各样的矿石构造，如浸染状、团块状、脉状、树枝状、放射状等。黄铁矿主要在成岩及后生阶段富集，相互穿插交代现象明显。

黄铁矿晶形特征可反映出其生成时的地质环境(陈光远等，1987；Craig et al.，1998)。根据黄铁矿晶体的颗粒大小、形态结构不同，可以将研究区黄铁矿分为三个期次：沉积期(PyI)、热液一期(PyII-1)、热液二期(PyII-2)。沉积期(PyI)主要表现为他形球粒状黄铁矿[图 6-4(a)]，大小为 0.07～0.15 mm，偶见集合体；半自形-他形粒状黄铁矿[图 6-4(b)]，大小为 0.02～0.08 mm，无规则散乱分布；生物交代状黄铁矿[图 6-4(c)、(d)]，可见明显的生物结构。热液一期(PyII-1)为自形单晶黄铁矿[图 6-4(e)、(f)]，自形程度高，主要为立方体形状和八面体形状，大小为 0.15～0.35 mm。热液二期(PyII-2)黄铁矿为板柱状、短柱状单体或集合体[图 6-4(g)、(h)]，单体大小为 0.08～0.30 mm，边界自形程度高；环带状黄铁矿等[图 6-4(i)]。

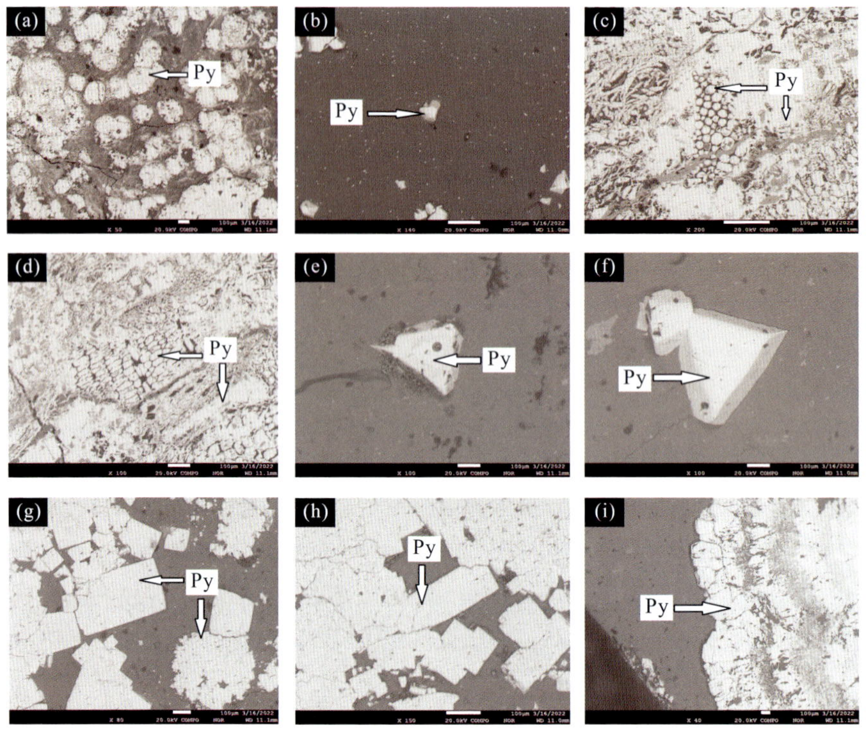

图 6-4　高岭石黏土岩中不同期次黄铁矿的背散射图像

三、黄铁矿的化学成分

在显微观察基础上，选择沉积期和热液期 3 个期次的典型黄铁矿开展了电子探针化学成分分析，共计 67 个分析点，分析结果见表 6-1，统计结果见表 6-2、图 6-5。

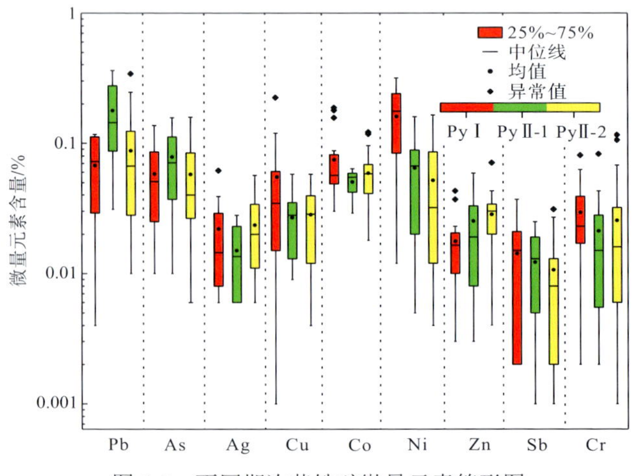

图 6-5　不同期次黄铁矿微量元素箱形图

表 6-1　龙潭组下部黄铁矿的主量与微量元素组成

期次	类型	样品编号	As/%	S/%	Pb/%	Ag/%	Cu/%	Fe/%	Co/%	Ni/%	Zn/%	Sb/%	Cr/%	总计	Co/Ni
沉积期	他形球粒状黄铁矿	YBB-2-1(1)	—	53.39	—	0.006	0.12	46.33	0.057	—	0.003	0.024	—	99.93	
		YBB-2-1(2)	0.01	53.06	0.117	0.029	—	46.57	0.044	—	0.014	0.037	0.012	99.89	
		YBB-2-1(3)	—	53.43	—	—	0.224	45.92	0.046	—	0.004	—	0.013	99.64	
		YBB-2-1(4)	—	53.27	0.043	—	0.12	46.55	0.051	—	0.006	—	0.002	100.04	
	半自形-他形粒状黄铁矿	ZK03-6-B1(1)	0.086	53.14	0.009	—	0.043	45.76	0.066	0.012	0.014	0.002	0.029	99.16	5.50
		ZK03-6-B1(4)	—	53.47	—	0.015	—	46.33	0.046	—	0.017	—	0.03	99.91	
		ZK03-6-B1(5)	0.016	53.3	0.029	—	—	46.41	0.03	—	0.037	—	0.039	99.86	
		ZK03-7-B1(1)	—	52.95	0.058	0.039	0.052	46.17	0.049	—	—	0.005	0.034	99.36	
		ZK03-7-B1(3)	—	53.34	0.004	0.014	0.001	45.99	0.049	0.024	0.016	—	0.018	99.49	2.04
	生物交代状黄铁矿	ZK02-13-B1(1)	0.034	52.95	—	0.029	0.016	46.14	0.052	0.317	0.023	0.002	0.017	99.58	0.16
		ZK02-13-B1(2)	0.032	53.53	0.116	0.008	—	46.06	0.088	0.252	—	—	0.02	100.11	0.35
		ZK02-13-B1(3)	—	53.34	—	—	0.025	45.98	0.179	0.151	0.043	0.002	—	99.72	1.18
		ZK02-13-B1(4)	0.051	53.32	—	0.01	0.041	45.51	0.082	0.196	—	—	0.002	99.21	0.42
		ZK02-13-B1(5)	—	53.35	0.112	0.062	0.015	46.48	0.05	—	—	—	0.023	100.09	
		ZK02-13-B1(6)	0.137	53.02	—	—	0.061	45.95	0.065	0.084	0.018	0.015	0.081	99.43	0.77
		ZK02-13-B1(7)	0.059	53.31	0.1	—	0.013	45.72	0.061	0.084	—	0.021	0.019	99.39	0.73
		ZK02-13-B1(8)	0.025	53.37	0.087	—	—	46	0.188	0.226	—	—	0.063	99.96	0.83
		ZK02-13-B1(9)	0.124	53.09	—	—	0.028	45.95	0.157	0.176	0.017	0.02	0.045	99.61	0.89
		ZK02-13-B1(10)	0.067	53.66	—	0.008	0.015	45.98	0.065	0.241	—	—	0.052	100.09	0.27
热液一期	立方体单晶黄铁矿	ZK03-7-B3(1-1)	—	53	—	0.006	0.035	45.96	0.042	0.005	0.059	0.018	0.019	99.14	8.40
		ZK03-7-B3(1-2)	0.064	53.31	0.144	0.01	—	45.94	0.059	0.015	—	—	0.002	99.54	3.93
		ZK03-7-B3(1-3)	—	52.96	0.249	—	0.013	46	0.059	0.076	0.017	0.005	—	99.38	0.78
		ZK03-7-B3(1-4)	0.01	53.29	0.191	—	0.033	45.81	0.061	0.089	—	—	0.003	99.49	0.68

续表

期次	类型	样品编号	As/%	S/%	Pb/%	Ag/%	Cu/%	Fe/%	Co/%	Ni/%	Zn/%	Sb/%	Cr/%	总计	Co/Ni
热液一期	立方体单晶黄铁矿	ZK03-7-B3(1-5)	0.071	53.46	0.361	0.023	—	46.38	0.029	0.16	—	0.002	0.031	100.52	0.18
		ZK03-7-B3(1-6)	0.059	53.36	—	—	—	46.42	0.064	0.02	0.008	0.022	0.043	100.00	3.20
		ZK03-7-B3(1-7)	0.109	53.14	0.087	—	0.036	46.41	0.058	—	0.008	0.025	0.025	99.90	
		ZK03-7-B4(1-1)	0.112	53.44	0.115	0.017	0.018	45.69	0.053	—	0.026	—	0.007	99.48	
		ZK03-7-B4(1-2)	—	53.8	0.075	—	—	45.78	0.038	—	0.003	0.013	0.014	99.72	
		ZK03-7-B4(1-3)	0.037	53.18	0.333	—	0.009	46	0.042	0.117	0.019	0.005	0.007	99.75	0.36
		ZK03-7-B4(1-4)	0.031	53.83	0.093	—	—	46.18	0.064	0.067	0.033	—	0.004	100.30	0.96
		ZK03-7-B4(1-5)	0.157	53.38	0.276	0.028	0.011	45.37	0.049	0.086	—	—	0.016	99.37	0.57
		ZK03-7-B4(1-6)	0.079	53.42	0.031	—	0.028	46.3	0.035	0.023	0.054	0.001	0.083	100.05	1.52
		ZK03-7-B4(1-7)	0.134	53.36	—	0.006	0.058	45.96	0.057	0.054	—	0.019	—	99.65	1.06
热液二期	自形-半自形板柱状黄铁矿	ZK02-14-B2(1)	0.01	53.32	0.014	0.037	—	46.32	0.03	—	—	0.027	0.012	99.77	
		ZK02-14-B2(2)	0.031	53.32	0.017	—	0.055	45.83	0.05	0.165	—	—	0.001	99.47	0.30
		ZK02-14-B2(3)	0.028	53.08	0.024	—	0.03	46.3	0.122	0.095	0.035	—	—	99.71	1.28
		ZK02-14-B2(4)	0.063	53.32	0.163	0.01	0.027	45.78	0.085	0.086	0.032	0.001	0.016	99.58	0.99
		ZK02-14-B2(5)	0.127	53.22	0.074	—	0.051	45.96	0.068	0.16	0.03	—	0.005	99.70	0.42
		ZK03-7-B3(2-1)	0.056	53.35	0.341	0.04	—	45.65	0.069	0.1	0.03	—	—	99.64	0.69
		ZK03-7-B3(2-2)	—	53.23	0.124	—	—	45.86	0.058	0.032	0.029	0.002	0.036	99.37	1.81
		ZK03-7-B3(2-3)	0.037	53.36	0.246	—	0.019	45.78	0.021	0.085	0.039	0.013	0.002	99.60	0.25
		ZK03-7-B3(2-4)	—	53.25	0.165	—	—	45.83	0.035	0.02	0.03	0.002	0.003	99.34	1.75
		ZK03-7-B3(2-5)	0.116	52.87	—	—	0.014	46.53	0.041	—	0.03	—	0.024	99.63	
		ZK03-7-B3(2-6)	—	53.4	0.102	0.012	—	46.31	0.05	—	0.025	0.008	0.013	99.92	
		ZK03-7-B3(2-7)	0.03	52.98	0.028	0.057	0.039	46	0.058	—	—	0.01	0.036	99.24	
		ZK03-7-B3(2-8)	—	52.98	0.058	—	—	46.38	0.049	—	0.03	0.031	0.106	99.63	

续表

期次	类型	样品编号	As/%	S/%	Pb/%	Ag/%	Cu/%	Fe/%	Co/%	Ni/%	Zn/%	Sb/%	Cr/%	总计	Co/Ni
热液二期	自形-半自形板柱状黄铁矿	ZK03-7-B4(2-1)	0.025	53.21	0.067	—	—	46.05	0.059	0.023	0.043	0.001	0.014	99.49	2.56
		ZK03-7-B4(2-2)	0.043	53.09	0.16	—	—	45.77	0.074	0.012	—	—	0.01	99.16	6.17
		ZK03-7-B4(2-3)	0.062	53.34	0.139	—	0.045	45.98	0.06	0.036	—	—	0.116	99.78	1.67
		ZK03-7-B4(2-4)	0.022	53.14	0.071	—	—	46.22	0.069	0.006	—	—	0.004	99.53	11.5
		ZK03-7-B4(2-5)	0.106	53.29	0.165	0.006	0.04	46.61	0.06	0.006	—	—	0.01	100.29	10.0
		ZK03-7-B4(2-6)	0.034	52.84	0.012	—	—	46.26	0.076	—	0.021	0.008	0.002	99.25	
		ZK03-7-B4(2-7)	—	53.04	0.096	—	0.005	46.06	0.053	—	0.071	0.026	0.06	99.41	
		ZK03-7-B4(2-8)	—	53.32	0.06	—	—	45.8	0.078	0.116	—	0.004	0.018	99.40	0.67
		YBB-2-1(5)	—	53.25	0.102	0.031	0.01	46.12	0.051	—	0.019	—	—	99.58	
	环带状黄铁矿	ZK03-7-B5(1)	0.137	53.35	—	0.022	0.038	46.89	0.035	—	—	0.011	0.017	100.50	
		ZK03-7-B5(2)	—	52.6	—	0.014	0.037	46.44	0.06	0.005	—	—	0.032	99.19	12.0
		ZK03-7-B5(3)	0.122	53	0.026	—	0.007	46.37	0.062	0.015	0.01	—	0.006	99.62	4.13
		ZK03-7-B5(4)	0.037	53.4	0.032	—	0.004	46.43	0.093	0.048	0.004	—	0.004	100.05	1.94
		ZK03-7-B5(5)	0.01	53.36	0.022	0.018	0.058	46.54	0.021	0.036	—	0.002	0.04	100.11	0.58
		ZK03-7-B5(6)	—	53.33	0.039	0.015	—	46.1	0.036	—	—	—	0.026	99.55	
		ZK03-7-B5(7)	0.007	53.18	—	0.026	—	46.64	0.096	—	0.02	—	—	99.97	
		ZK03-7-B5(8)	0.006	53.31	0.061	0.045	0.018	46.46	0.118	0.032	0.034	0.016	0.068	100.17	3.69
		ZK03-7-B5(9)	—	53.44	0.085	0.025	0.036	46.01	0.049	—	—	0.013	0.029	99.69	
		ZK03-7-B5(10)	0.06	53.23	0.042	0.01	—	45.84	0.065	0.009	—	—	0.023	99.28	7.22
		ZK03-7-B5(11)	0.063	53.36	—	0.008	0.005	46.36	0.037	—	0.007	0.006	0.006	99.85	
		ZK03-7-B5(12)	0.159	53.34	0.01	—	0.027	46.03	0.018	0.004	—	—	—	99.59	4.50

注：“—”表示测试数据低于检出限。

表 6-2 龙潭组下部黄铁矿的主量与微量元素含量统计表

		As/%	S/%	Pb/%	Ag/%	Cu/%	Fe/%	Co/%	Ni/%	Zn/%	Sb/%	Cr/%	Co/Ni
沉积期	最小值	0.010	52.945	0.004	0.006	0.001	45.513	0.030	0.012	0.003	0.002	0.002	0.16
	最大值	0.137	53.656	0.117	0.062	0.224	46.570	0.188	0.317	0.043	0.037	0.081	5.50
	平均值	0.058	53.277	0.068	0.022	0.055	46.094	0.075	0.160	0.018	0.014	0.029	1.20
	中位数	0.051	53.317	0.073	0.015	0.035	45.998	0.057	0.176	0.017	0.015	0.023	0.77
热液一期	最小值	0.010	52.961	0.031	0.006	0.009	45.373	0.029	0.005	0.003	0.001	0.002	0.18
	最大值	0.157	53.827	0.361	0.028	0.058	46.422	0.064	0.160	0.059	0.025	0.083	8.40
	平均值	0.078	53.350	0.178	0.015	0.027	46.015	0.051	0.065	0.025	0.012	0.021	1.97
	中位数	0.071	53.359	0.144	0.014	0.028	45.982	0.055	0.067	0.019	0.013	0.015	0.96
热液二期	最小值	0.006	52.604	0.010	0.006	0.004	45.650	0.018	0.004	0.004	0.001	0.001	0.25
	最大值	0.159	53.437	0.341	0.057	0.058	46.889	0.122	0.165	0.071	0.031	0.116	12.0
	平均值	0.058	53.209	0.088	0.024	0.028	46.162	0.059	0.052	0.027	0.011	0.025	3.53
	中位数	0.040	53.268	0.067	0.020	0.029	46.106	0.059	0.032	0.030	0.008	0.016	1.81

1. 黄铁矿主量元素组成

沉积期(PyI)黄铁矿 Fe 的含量为 45.51%～46.57%，平均为 46.09%，S 的含量为 52.95%～53.66%，平均为 53.28%；热液一期(PyII-1)黄铁矿 Fe 的含量为 45.37%～46.42%，平均为 46.02%，S 的含量为 52.96%～53.83%，平均为 53.35%；热液二期(PyII-2)黄铁矿 Fe 的含量为 45.65%～46.89%，平均为 46.16%，S 的含量为 52.60%～53.44%，平均为 53.21%。三期次 Fe、S 含量基本相同(表 6-1)。全部黄铁矿样品 Fe 的含量为 45.37%～46.89%，平均为 46.11%，S 的含量为 52.60%～53.83%，平均为 53.26%。标准黄铁矿主量元素理论值 S 为 53.45%，Fe 为 46.55%(李胜荣等，2008)，龙潭组下部黄铁矿 Fe、S 含量与理论值相比均略低，暗示黄铁矿中发生了类质同象替代。

黄铁矿的主量元素 S、Fe 往往会在形成过程中发生元素偏移，δS 或 δFe 用来表示黄铁矿样品中 S 元素或 Fe 元素偏移理论值的程度，它既可以表示质量的偏离程度，也可以表示元素个数的偏离程度(严育通等，2012)。具体公式如下：

$$\delta \mathrm{S} = \frac{\omega(\mathrm{S})\% - 53.45\%}{53.45\%} \times 100 \tag{6-1}$$

$$\delta \mathrm{Fe} = \frac{\omega(\mathrm{Fe})\% - 46.55\%}{46.55\%} \times 100 \tag{6-2}$$

将研究区黄铁矿主量元素测试结果代入式(6-1)、式(6-2)进行计算，得出 δS 和 δFe 后绘制图 6-6。样品 δS、δFe 投入不同象限，可以反映黄铁矿的成因。龙潭组下部黄铁矿的 δS 和 δFe 值大多数落于第三象限(图 6-6)，少数在第二、第四象限，且相对比较集中，都在5%的取值范围内，呈现出较低的亏铁亏硫状态，反映其为火山热液型黄铁矿(严育通等，2012)。

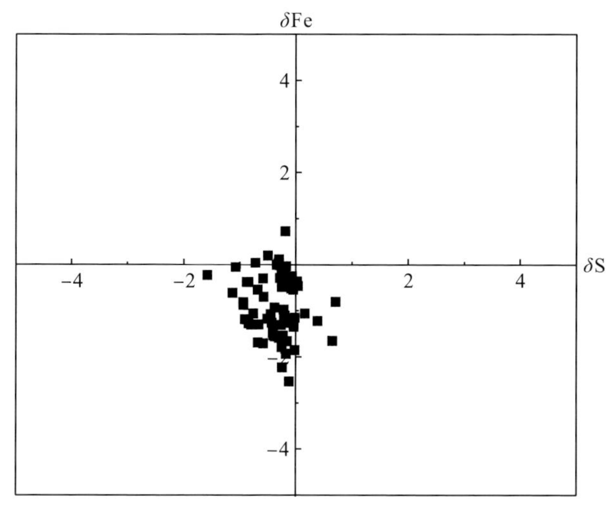

图 6-6　龙潭组下部黄铁矿 δS 和 δFe 特征分布图

2. 黄铁矿微量元素组成

分析结果表明，龙潭组下部黄铁矿微量元素以 Co、Ni、Cr、Cu、Pb、Zn、Ag 等亲铜、亲铁元素以及 As、Sb 等低温矿床常见元素为主。根据电子探针 67 个分析点的测试结果(表 6-1、表 6-2)及不同期次黄铁矿微量元素含量箱形图(图 6-5)，研究区黄铁矿中主要微量元素组成特征如下。

(1) Pb。PyI 黄铁矿中含量为 0.004%～0.117%，平均为 0.068%，中位数为 0.073%；PyII-1 黄铁矿中含量为 0.031%～0.361%，平均为 0.178%，中位数为 0.144%；PyII-2 黄铁矿中含量为 0.010%～0.341%，平均为 0.088%，中位数为 0.067%。PyI 与 PyII-2 中 Pb 含量接近，PyII-1 中 Pb 含量最高。

(2) As。PyI 黄铁矿中含量为 0.010%～0.137%，平均为 0.058%，中位数为 0.051%；PyII-1 黄铁矿中含量为 0.010%～0.157%，平均为 0.078%，中位数为 0.071%；PyII-2 黄铁矿中含量为 0.006%～0.159%，平均为 0.058%，中位数为 0.040%。与 Pb 类似，也是 PyI 与 PyII-2 含量接近，PyII-1 中含量最高。与贵州太平洞金矿床载金黄铁矿中 As 含量平均值(2.189%)(赵静等，2019)相比，明显偏低，不属于砷黄铁矿。

(3) Ag。PyI 黄铁矿中含量为 0.006%～0.062%，平均为 0.022%，中位数为 0.015%；PyII-1 黄铁矿中含量为 0.006%～0.028%，平均为 0.015%，中位数为 0.014%；PyII-2 黄铁矿中含量为 0.006%～0.057%，平均为 0.024%，中位数为 0.020%。PyII-2 黄铁矿中 Ag 含量最高。

(4)Cu。PyI 黄铁矿中含量为 0.001%～0.224%，平均为 0.055%，中位数为 0.035%；PyII-1 黄铁矿中含量为 0.009%～0.058%，平均为 0.027%，中位数为 0.028%；PyII-2 黄铁矿中含量为 0.004%～0.058%，平均为 0.028%，中位数为 0.029%。PyI 黄铁矿中 Cu 含量最高，含量变化最大，PyII-1 和 PyII-2 黄铁矿中 Cu 含量接近。

(5)Co。PyI 黄铁矿中含量为 0.030%～0.188%，平均为 0.075%，中位数为 0.057%；PyII-1 黄铁矿中含量为 0.029%～0.064%，平均为 0.051%，中位数为 0.055%；PyII-2 黄铁矿中含量为 0.018%～0.122%，平均为 0.059%，中位数为 0.059%。PyI 黄铁矿中 Co 含量最高，PyII-2 次之，PyII-1 最低。龙潭组下部黏土岩中黄铁矿 Co 含量远低于黔中猫场杨家洞矿段铝土矿中富 Co 黄铁矿中 Co 的含量(1.144%～9.307%，均值为 4.39%)(王宇非等，2021)。

(6)Ni。PyI 黄铁矿中含量为 0.012%～0.317%，平均为 0.160%，中位数为 0.176%；PyII-1 黄铁矿中含量为 0.005%～0.160%，平均为 0.065%，中位数为 0.067%；PyII-2 黄铁矿中含量为 0.004%～0.165%，平均为 0.052%，中位数为 0.032%。PyI 黄铁矿中 Ni 含量最高，PyII-1 和 PyII-2 黄铁矿中 Ni 含量接近，整体上看每个期次含量变化均比较大。

(7)Zn。PyI 黄铁矿中含量为 0.003%～0.043%，平均为 0.018%，中位数为 0.017%；PyII-1 黄铁矿中含量为 0.003%～0.059%，平均为 0.025%，中位数为 0.019%；PyII-2 黄铁矿中含量为 0.004%～0.071%，平均为 0.027%，中位数为 0.030%。PyI、PyII-1、PyII-2 黄铁矿中 Zn 含量逐渐升高。

(8)Sb。PyI 黄铁矿中含量为 0.002%～0.037%，平均为 0.014%，中位数为 0.015%；PyII-1 黄铁矿中含量为 0.001%～0.025%，平均为 0.012%，中位数为 0.013%；PyII-2 黄铁矿中含量为 0.001%～0.031%，平均为 0.011%，中位数为 0.008%。从 PyI 到 PyII-1 再到 PyII-2，黄铁矿中 Sb 含量逐渐降低。

(9)Cr。PyI 黄铁矿中含量为 0.002%～0.081%，平均为 0.029%，中位数为 0.023%；PyII-1 黄铁矿中含量为 0.002%～0.083%，平均为 0.021%，中位数为 0.015%；PyII-2 黄铁矿中含量为 0.001%～0.116%，平均为 0.025%，中位数为 0.016%；PyI 黄铁矿中 Cr 含量最高，PyII-1 黄铁矿中 Cr 含量最低，PyII-2 黄铁矿中 Cr 含量介于 PyI 和 PyII-1 之间。

3. 黄铁矿 Co/Ni 比值

黄铁矿微量元素中最重要的成分标型元素为 Co 和 Ni，Co、Ni 的含量以及 Co/Ni 比值均能够判断黄铁矿的形成环境。热液成因的黄铁矿 Co、Ni 含量较高，且 Co/Ni 比值变化很大，通常大于 1；沉积成因的黄铁矿 Co/Ni 多小于 1；变质热液成因的黄铁矿多继承沉积成因黄铁矿特征，其 Co/Ni 一般也小于 1(Price et al.，1972；陈光远等，1987)。然而，许多热液黄铁矿的 Co/Ni 也低于 1.0，因此低 Co/Ni

并不一定表明是沉积型黄铁矿（Price et al.，1972）。因此，应用 Co/Ni 比值来进行黄铁矿的成因分析还应该结合地质证据综合考虑（Bralia et al.，1979）。

研究区龙潭组下部 PyI 期黄铁矿的 Co/Ni 范围为 0.16～5.50（表 6-1），不包括异常值 5.50，平均值为 0.76，大部分的值低于 1，与沉积型黄铁矿吻合。相比之下，PyII-1 与 PyII-2 期黄铁矿的 Co/Ni 范围为 0.18～8.40（均值为 1.97）和 0.25～12.0（均值为 3.53），大部分的值高于 1（表 6-1），与热液型黄铁矿相当。PyI 中的 Ni 含量高于 PyII-1 和 PyII-2（图 6-5），这可能是温度和压力的变化导致源区 Ni 的浸出增加（Zhao et al.，2011；Hu et al.，2019）。PyI 中的 Co 含量高于 PyII-1 和 PyII-2（图 6-5），在一般情况下，在同一矿床中早期次黄铁矿比晚期次黄铁矿的 Co 要高。Fe、Co、Ni 本为同一周期的副族元素，其亲硫性依次增强，亲氧性依次减弱，常有 Co、Ni 等元素类质同象替代黄铁矿中的 Fe 元素，由于 Co 与 Fe 的相似性强于 Ni 与 Fe，所以 Ni 质量分数越高，Co/Ni 越低，表示黄铁矿的杂质成分含量越高，矿物结晶速度越快（王志华等，2018），这也符合研究区 PyI 期黄铁矿中 Co、Ni 含量较高的特点。

4. Co 和其他元素特征

黄铁矿中的微量元素一般是其在形成过程中捕获的，不同地质条件下形成的黄铁矿，其微量元素组成以及含量存在差异。热液期黄铁矿通常在高温条件下以富含亲铁和亲石元素为主，如 Cr、Ti、Co、Cu、Bi、Zn、As 等，且 Co 含量通常高于 1000×10^{-6}，中温条件下主要富含亲铜元素 Cu、Au、Pb、Zn、Bi、Ag 等，Co 含量为 100×10^{-6}～1000×10^{-6}；低温条件下高活动性的亲铜元素 Hg、Sb、Ag、As 等含量较多，Co 含量小于 100×10^{-6}（赵凯等，2013；张然等，2022）。研究区热液期黄铁矿样品中含有微量元素 Cu、Pb、Zn、Au、Ag、As 等，且 Co 含量为 180×10^{-6}～1220×10^{-6}，平均为 565×10^{-6}，表明热液期黄铁矿形成于中低温的环境，且成矿流体成分复杂。

四、硫同位素组成、来源

研究区龙潭组下部 5 件黄铁矿样品，共 21 个测试点位 S 同位素测试结果见表 6-3。

分析结果表明，黄铁矿 $\delta^{34}S$ 为−29.73‰～42.83‰，平均值为 7.90‰，标准偏差为 17.07‰，样品 $\delta^{34}S$ 值变化较大，但是整体上正值偏多。PyI黄铁矿中 $\delta^{34}S$ 为−29.73‰～42.83‰，平均值为 8.60‰，标准偏差为 24.83‰，$\delta^{34}S$ 值变化范围最大；PyII-1 中 $\delta^{34}S$ 为−3.21‰～8.07‰，平均值为 4.20‰，标准偏差为 4.32‰；PyII-2 黄铁矿中 $\delta^{34}S$ 为 3.93‰～16.79‰，平均值为 9.82‰，标准偏差为 4.65‰。

表 6-3 龙潭组下部黄铁矿 S 同位素分析结果

样号	$\delta^{34}S_{V-CDT}$/‰	样号	$\delta^{34}S_{V-CDT}$/‰	样号	$\delta^{34}S_{V-CDT}$/‰
PyI		最大值	42.83	标准偏差	4.32
YYB-2-1(1)	−1.44	最小值	−29.73	PyII-2	
YYB-2-1(2)	−2.71	标准偏差	24.83	ZK03-7-B3(2-1)	9.46
ZK03-6-B1(1)	−9.88	PyII-1		ZK03-7-B3(2-2)	16.79
ZK03-6-B1(2)	−12.71	ZK03-7-B3(1-1)	−3.21	ZK03-7-B3(2-3)	12.97
ZK03-6-B1(3)	−29.73	ZK03-7-B3(1-2)	8.07	ZK03-7-B4(2-1)	6.00
ZK03-7-B1(1)	42.83	ZK03-7-B4(1-1)	5.17	ZK03-7-B4(2-2)	3.93
ZK03-7-B1(2)	41.75	ZK03-7-B4(1-2)	5.00	ZK03-7-B4(2-3)	9.79
ZK03-7-B1(3)	14.94	ZK03-7-B4(1-3)	5.99	平均值	9.82
ZK03-7-B1(4)	7.08	平均值	4.20	最大值	16.79
ZK03-7-B1(5)	35.83	最大值	8.07	最小值	3.93
平均值	8.60	最小值	−3.21	标准偏差	4.65

矿物中硫同位素是成矿流体硫同位素组成演化的结果，并且会在演化过程中受不同物理化学条件以及同位素分馏的影响，研究与成矿关系密切的硫化物的硫同位素组成变化可以推断成矿物质来源(Ohmoto et al.，1986；Craig et al.，1998)。研究表明，地球上的硫主要有以下几种类型：①地幔硫(也称岩浆硫)，$\delta^{34}S$ 接近0，通常在 0±3‰范围内变化；②地壳硫(沉积硫)，$\delta^{34}S$ 以变化范围大为特征(−40‰～50‰)；③海水硫，地质历史时期的海水硫同位素组成具有时代效应，即不同时期的硫同位素组成不同，但仍以较大的正值为特征；④混合硫，这种硫同位素组成因混入物的硫同位素组成不同和所占的比例不同而有所差异(Ohmoto et al.，1979；张宏飞等，2012)。研究区 PyI期黄铁矿中 $\delta^{34}S$ 为−29.73‰～42.83‰，平均值为 8.60‰，$\delta^{34}S$ 变化范围最大，显示典型的沉积硫特点；PyII-1 期黄铁矿中 $\delta^{34}S$ 为−3.21‰～8.07‰，平均值为 4.20‰，呈现地幔硫的特征；PyII-2 期黄铁矿中 $\delta^{34}S$ 为 3.93‰～16.79‰，平均值为 9.82‰，整体上呈现地幔硫的特征，可能混入部分海水硫(图 6-7)。

H_2S 的形成除深源岩浆成因外，还可以由硫酸盐热化学还原(thermochemical sulfate reduction，TSR)、细菌硫酸盐还原(biological sulfate reduction，BSR)、含硫有机质热解等方式形成。TSR 形成 H_2S 的 $\delta^{34}S$ 一般为 0‰～30‰(陈兴等，2016)；BSR 形成 H_2S 的 $\delta^{34}S$ 通常为−50‰～30‰(Canfield and Thamdrup，1994)，有时与 BSR 直接相关的生物硫化物的 $\delta^{34}S$ 可以高达 46‰(Fan et al.，2023)；含硫有机质热解形成 H_2S 的 $\delta^{34}S$ 为−20‰～30‰。细菌通常在地表和近地表环境温度低于 80 ℃的环境中大量繁殖发育(Head et al.，2003)。野外调查表明，PyI期黄铁矿

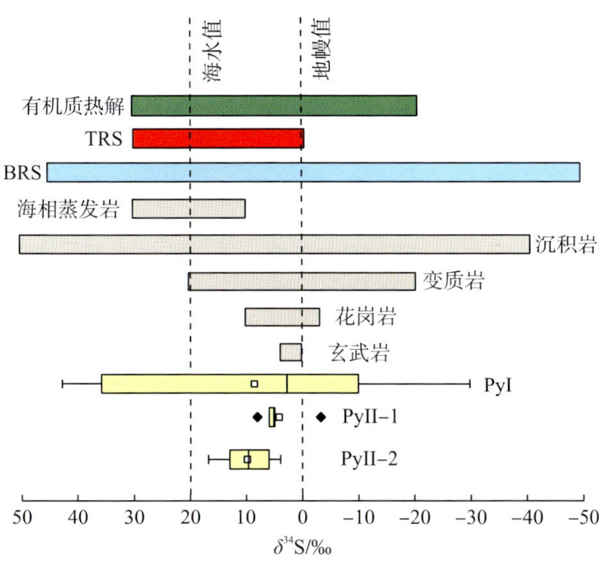

图 6-7　研究区硫同位素与地球上重要物质硫同位素组成对比图(据陈杰等，2014)

分布的地层中未出现围岩蚀变等现象，也没有火成岩出露，可判断成岩温度较低，基本具备细菌大量繁殖的温度条件。并且研究区地层还有碳质高岭石黏土岩，其中有大量碳化植物碎屑，有机质发育，表明了在成岩过程中有机质的参与，这些有机质可为 H_2S 的大量形成提供可能的催化剂，能加速 BSR 并产生大量 H_2S(Southam and Saunders，2005)。研究区 PyI期黄铁矿中同位素组成变化范围大，且偏向重硫，另外还存在许多生物交代状黄铁矿，说明这些沉积单元在沉积和成岩过程中经历了相对封闭系统中硫酸盐的细菌还原作用，有广泛的生物参与，在封闭环境中 δ^{32}S 优先被细菌消耗完毕，转而消耗 δ^{34}S，形成重硫富集型黄铁矿。川南龙潭组的沉积环境为海陆过渡环境的滨岸潟湖、沼泽，比较容易形成富含大量生物碎屑的封闭还原环境，有利于黄铁矿的形成，所以 PyI期黄铁矿的硫来源于还原性环境下硫酸盐生物还原作用。

中-晚二叠世之交，西南地区经历了一次快速的地壳抬升和穹状隆起，随后峨眉山玄武岩开始大规模喷发，形成了峨眉山大火成岩省(ELIP)(He et al.，2003)。大火成岩省形成于 250～260 Ma(Lo et al.，2002；Guo et al.，2004)，喷发持续约 10 Ma。其后喷发作用虽已结束，但深部仍有岩浆热液活动，为热液型黄铁矿形成提供了基本条件。PyII-1 期黄铁矿硫同位素组成变化范围为−3.21‰～8.07‰，且多为正值，与陈杰等(2014)研究的新疆西天山式可布台岩浆热液源黄铁矿 δ^{34}S (−6.1‰～12.9‰)相比变化范围更小，表明 PyII-1 期黄铁矿的硫主要源自深部热液。PyII-2 期黄铁矿硫同位素可能是不同比例的海水硫酸盐和热液流体的混合物，龙潭组地层沉积时处于频繁的海侵海退时期，可能混入部分海水硫，这也与研究区黄铁矿的构造(如树状体、结核状)和有机质丰富一致。

综上所述，研究区龙潭组下部黏土岩中 PyI期黄铁矿的硫来源于还原性环境下细菌硫酸盐还原(BSR)作用，PyII-1 期黄铁矿硫源自深部热液，PyII-2 期黄铁矿硫主要来自深部热液，可能混入部分海水硫。

五、黄铁矿的形成及对关键金属富集的指示

在中-晚二叠世之交，随着地壳的隆升、大规模火山喷发以及大面积的海退，形成了湿热的大气环境，并伴随火山气体污染产生酸性雨水。在湿热气候以及酸雨等因素的共同影响下，使得峨眉山玄武岩加速风化，风化作用形成的大量难溶解的 Fe、Al 等物质呈胶体溶液状态与高岭石黏土矿物以及 Li、REE、Ga、Nb 等成矿物质，被搬运至滨岸潟湖、沼泽等低洼地带。在这种相对封闭的富含生物碎屑和有机质的还原环境中，硫酸盐还原菌比较活跃(Sun et al.，2016)，能够在藻类腐解过程中显著增殖(Chen et al.，2016)，铁的氧化物及含铁凝胶便在这种环境下与细菌硫酸盐还原作用所产生的硫发生反应，形成沉积期的他形球粒状黄铁矿、散乱分布的半自形-他形粒状黄铁矿以及生物交代状黄铁矿。在形成沉积期黄铁矿的相对还原封闭的环境下，有利于 Li、REE、Ga、Nb 等关键金属富集成矿。

沉积成岩以及后生作用阶段，受上部静压力的影响，含矿地层温度压力上升，同时在地质作用的影响下，来自深部岩浆的中低温热液中的硫与地层中剩余的 Fe 反应生成立方体单体黄铁矿，形成聚晶团块状、树枝状、不规则条带状、脉状等黄铁矿，其后与先前生成的黄铁矿发生作用，在黄铁矿边缘增生[图 6-8(a)]或沿黄铁矿裂隙充填[图 6-8(b)]。在这一过程中，富集在高岭石黏土岩中的 Li、REE、Ga、Nb 等元素受上部岩层静压及地质作用影响而产生活化迁移，与同生流体在含矿地层中循环流动，进一步分配富集。

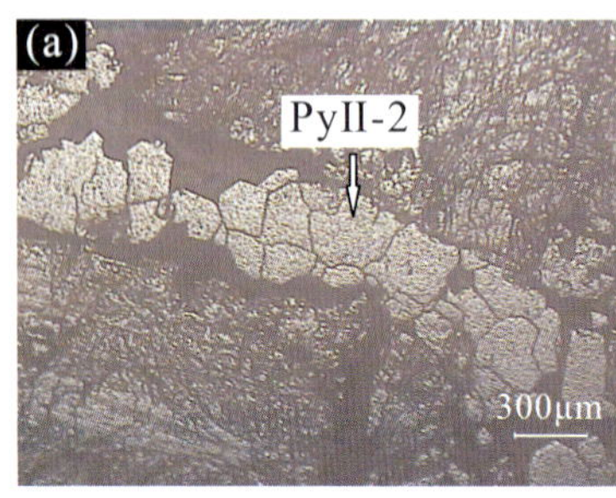

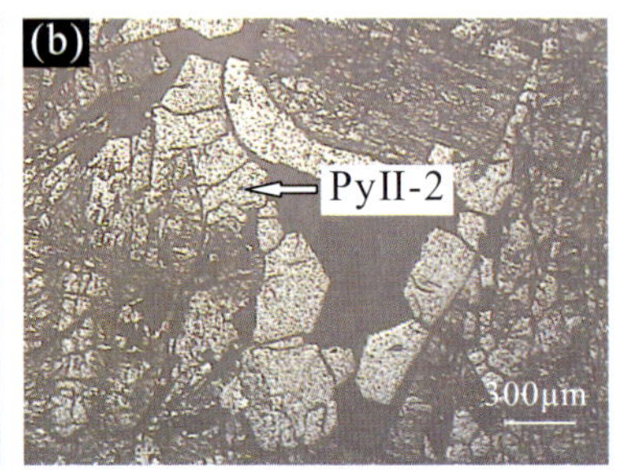

图 6-8 热液期不同结构类型黄铁矿照片(反射光)

第三节　锂等关键金属的富集过程及成矿模式

一、锂等关键金属的富集过程

依据龙潭组下部富锂黏土岩的含矿地层、矿物组合、物质来源、沉积环境，以及地球化学特征和区域地质背景等，富锂等关键金属的黏土岩的形成是与晚二叠世峨眉山大火成岩省的地质构造背景以及所引起的气候环境变化长期耦合的产物，这一过程在整个川、滇、黔邻界地区形成了分布广泛的以宣威组(P_3x)/龙潭组(P_3l)黏土岩为载体的富 Li、Ga、REE、Nb 等多种关键金属的富集层。

富锂等关键金属黏土岩的形成过程(即锂等关键金属富集成矿过程)包括母岩风化、物质搬运、沉积成岩以及后生等多个阶段的演化过程。由于 Li、Nb、REE、Ga 等关键金属在风化前母岩中的存在形式、含量以及表生环境下地球化学行为上的差异，使其在风化-搬运-沉积成岩过程中富集成矿也有所不同。

1. 风化-搬运阶段

根据以上黏土岩中不活动元素对物源的指示，结合区域地质构造演化过程，川南地区龙潭组下部富锂等关键金属的高岭石黏土岩是峨眉山大火成岩省的玄武岩及部分中酸性火成岩的风化产物。中二叠世末，东吴运动导致上扬子地区发生穹状隆升并引起华南发生大规模海退事件，导致中二叠统茅口组灰岩遭受不同程度的暴露、风化和剥蚀(何斌等，2003；He et al.，2003；Sun et al.，2010)，中-晚二叠世之交 ELIP 火山岩大规模喷发(Shellnutt，2014；Yang et al.，2015)。随着地壳的隆升以及大规模火山喷发所引起的湿热大气环境和火山气体污染形成的酸性雨水，峨眉山大火成岩省内的火成岩加速风化，形成丰富的以高岭石黏土矿物为主的风化产物，上述构造及古气候环境为母岩化学风化和 Li 等关键金属元素的释放提供了有利条件。

对于 Li 元素，在风化作用过程中，玄武岩以及中酸性火成岩释放了其中的 Li 元素，并且在风化沉积过程中都得到了富集。研究表明，峨眉山大火成岩省玄武岩的 Li 含量为 10.14×10^{-6}～21.90×10^{-6}，平均为 16.1×10^{-6}(Zou et al.，2022)，与世界玄武岩平均含量相近；中酸性火山岩以及花岗岩等 Li 含量相对较低，川西南峨眉山玄武岩上旋回中酸性火山碎屑岩 Li 含量变化大，在 2.79×10^{-6}～40.26×10^{-6}之间(姜芮雯，2021)，攀西地区新发湾、三戈庄等地花岗岩中 Li 含量为 15.49×10^{-6}～19.47×10^{-6}(Zhang et al.，2021)。这些火成岩中虽然并没有富集 Li，但在经历长期强烈的化学风化后，仍能提供大量的成矿物质。另外，Li 元素的离子势小于 3(Leeder，1999)，在表生条件下容易形成水合离子，在碱性条件下易沉淀，且容易被黏土矿物吸附(Robb，2005)，因此该阶段不会造成 Li 的大量流失。

黏土岩中 Li 含量与反映化学风化强度的 CIA 之间具有极显著的正相关关系(R=0.833，p<0.01)(图 4-9)，这表明脱 Si 富集 Al 的过程会伴随大量的母岩以及富 Li 矿物分解、释放。被释放出的 Li 会被黏土矿物吸附，随黏土矿物搬运沉积。

对于 Nb 元素而言，杜胜江等(2023)以滇东地区宣威组铌矿床和底部的玄武岩为研究对象，对铌矿化黏土岩和底部玄武岩中的 Nb 进行了系统的研究，表明铌矿床中主要的载铌矿物为锐钛矿，且与富碱的高钛峨眉山玄武岩中的富 Nb 榍石有继承的成因联系，榍石具有提供成矿物质 Nb 的良好基础，并且找到了榍石蚀变为锐钛矿的证据。在区域上宣威组与龙潭组两者为相变关系，可以推测研究区龙潭组下部黏土岩中的 Nb 与锐钛矿主要继承自峨眉山玄武岩。Nb_2O_5 含量与 CIA、Al_2O_3 含量之间具有极显著的正相关关系(R=0.641，R=0.733，p<0.01，n=45)(图 4-10)，在风化作用下榍石等矿物中的 Nb 一部分转变为锐钛矿中的 Nb，另一部分由于矿物分解而释放，随后被黏土矿物吸附。在强烈化学风化作用下，伴随母岩中富 Nb 榍石形成锐钛矿以及溶出 Nb，随黏土矿物搬运沉积。

峨眉山玄武岩富集稀土元素，稀土总量(ΣREE)一般含量范围在 212×10^{-6}～364×10^{-6}，平均为 247×10^{-6}(Ali et al.，2005)，其风化壳中 ΣREE 可达 675×10^{-6} 以上，明显高于未风化玄武岩，表明在风化作用过程中稀土元素显著富集(侯海峰等，2019；张海和郭佩佩，2021)。通常这类风化作用持续时间越长，越利于 REE 等元素的富集(陈国勇等，2017)。玄武岩风化作用形成的富含稀土的黏土，其主要矿物为高岭石(75.4%)，稀土元素以离子相和胶态相为主，合计占比为 65.2%～86.4%，其次为矿物相和类质同象等(张海等，2022)。因此，峨眉山玄武岩在形成风化壳的过程中，使得稀土元素显著富集，为形成黏土型稀土矿床提供了基础。

2. 沉积成岩阶段

峨眉山玄武岩大规模喷发之后，地壳转变为不均匀沉降，川南地区龙潭组的沉积环境为海陆过渡环境的滨海-沼泽(陈聪等，2022；王秀平等，2022)。在地表流水的作用下，Li 等成矿元素随高岭石等黏土矿物被搬运到此环境下沉积，形成了龙潭组下部高岭石黏土岩，为 Li 等元素的进一步富集创造了有利的环境条件。

海陆过渡地区相对封闭的潟湖还原咸水环境，水体进一步咸化，提高了水体中 Li 元素的浓度，还原环境也有利于 Li 与黏土岩矿物结合，从而富集成矿。Li 除了来自火成岩的风化释放以外，还应该注意到的是，龙潭组富锂黏土岩形成于海侵过程中的滨岸潟湖之中，一部分 Li 还可能来自滨海浅层地下卤水的直接补给。地下卤水通常具有丰富的 Ca、Na、K、Mg 和 Li 离子，分布于沿海地区的“滨海浅层地下卤水”是其中的主要类型之一，它主要来源于同生沉积海水，赋存于海陆交互相沉积层中，经过蒸发浓缩、聚集和埋藏变质形成(韩有松等，1996；苏乔等，2011)。成岩期富 Li 流体与早期形成的黏土矿物反应，可以形成 Li 的单矿物(Zhao et al.，2018)，研究区在 Li 含量高的富锂黏土岩样品(CN52-2，Li 含量为

2053×10^{-6}）中出现了锂云母，可能就是原因之一。

Nb 元素过去常被认为是不活动的稳定元素（Hastie et al.，2011），但世界上大量铌矿床的出现使人们逐渐对 Nb 元素活动性有了新的认识。Nb 元素可以从原矿物中溶出并以可溶性氧酸盐离子发生富集（Deblonde et al.，2015），因而 Nb 可以从原生矿物中风化淋滤出来并以离子形式进行搬运、沉淀形成新的矿物。锐钛矿化学式为 TiO_2，一般类质同象混入 Ta、Nb、Fe、Sn 等（Yang et al.，2008），常作为副矿物存在于岩浆岩、片麻岩、岩脉和花岗伟晶岩之中，也常作为其他含钛矿物（榍石、钛铁矿、铌钛铀矿及黑稀金矿等）的蚀变产物存在（常丽华等，2006）。锐钛矿一般可由钛铁矿、榍石等矿物风化形成（Jackson et al.，2006；杜胜江等，2023）。近年来研究表明，Nb 在表生风化条件下也具有较强的活动性（Friis and Casey，2018），在风化作用下，Nb 从榍石中溶出，随着 Ca、Si 流失，剩下的 Ti 就形成了锐钛矿，此时一部分溶出的 Nb 便与 Ti 发生类质同象，从而形成了富 Nb 的锐钛矿（杜胜江等，2023），另一部分溶出的 Nb 则被黏土矿物所吸附。川南龙潭组的沉积环境为海陆过渡环境的滨岸潟湖、沼泽（陈聪等，2022；王秀平等，2022），富含 Nb 的风化物质被搬运到相对封闭还原的环境之中，也有利于锐钛矿的形成以及以离子形式存在的 Nb 的沉淀与富集。

稀土元素的富集不仅受风化母岩自身稀土含量、赋存状态的影响，而且受风化程度、氧化还原条件、pH 等因素的制约（吴澄宇等，1993；赵芝等，2019）。在海陆交互的环境下，频繁的海水进退，一方面使风化搬运而来的物质进一步遭受风化，K、Na、Mg 等活泼金属元素大量溶出，Si、Al 等元素与酸根离子结合形成以高岭石为主的黏土矿物（洪汉烈，2010；张七道等，2022），可吸附 REE 等元素，稀土元素进一步富集；另一方面，在沉积物下部形成相对还原、弱碱性的环境，有利于稀土元素的富集成矿。Ce 受氧化还原条件和环境 pH 的影响，Ce 异常对沉积环境和氧化还原作用具有较好的指示（Braun et al.，1990；赵晨君等，2020），通常 δCe＞1 时，指示氧化环境，δCe＜1 时，指示还原环境。兴文地区，龙潭组下部黏土岩 δCe 在 0.52～2.86 之间，变化范围较大，有将近一半的样品 δCe 在 1 左右或小于 1；叙永地区，龙潭组下部黏土岩 δCe 在 0.62～1.38 之间，平均为 0.95，变化范围较大。这些特征表明其沉积环境经历了氧化-还原的频繁交替，因而有利于稀土元素的富集。

在这一阶段富含有机质相对还原的滨岸潟湖中，铁的氧化物及含铁凝胶与细菌硫酸盐还原作用所产生的硫反应，形成沉积期的他形球粒状黄铁矿、散乱分布的半自形-他形粒状黄铁矿以及生物交代状黄铁矿。

3. 后生阶段

来自深部岩浆的中低温含硫热液，在与地层中剩余的 Fe 反应生成不同形态黄铁矿的过程中，富集在高岭石黏土岩中的 Li、REE、Ga、Nb 等元素，受上部岩层静压及地质作用影响而产生活化迁移，与一起排除的同生流体在含矿地层中循环流动，在流体的循环流动及重新分配过程中，可能会或多或少影响 Li、REE、Ga、Nb 等关键金属元素的进一步富集，形成含黄铁矿高岭石黏土岩矿石类型。

二、成矿模式

基于以上对 Li 等关键金属成矿过程的研究，结合区域地质构造演化，建立了川南地区黏土型关键金属矿床的成矿模式(图 6-9)。

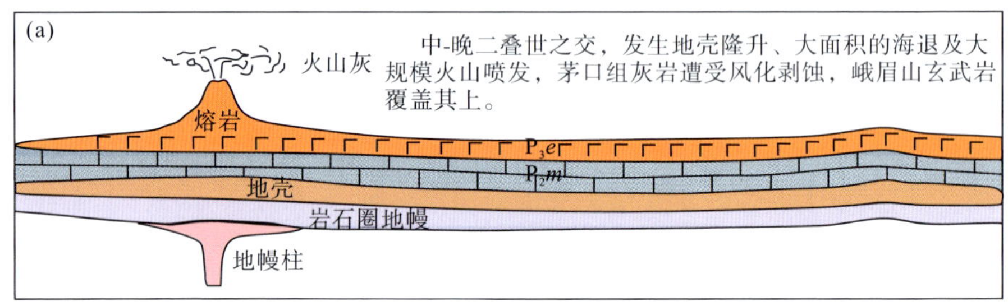

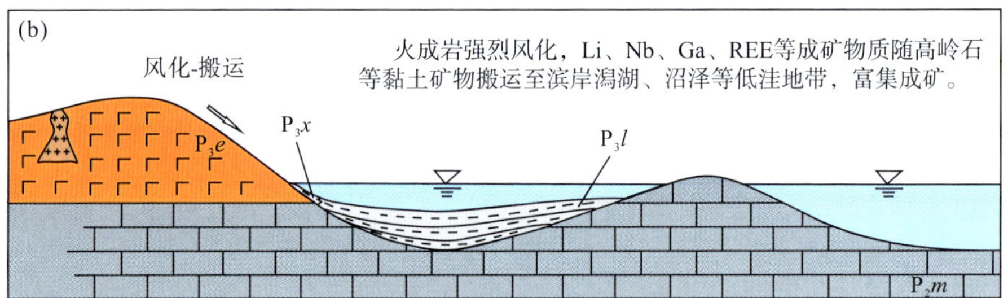

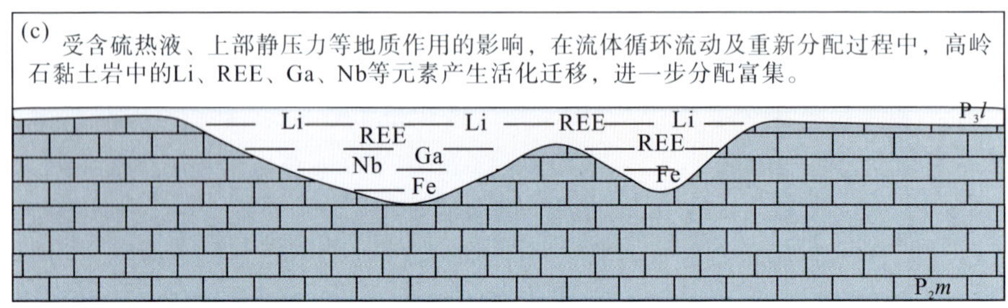

图 6-9 川南地区黏土型关键金属矿床成矿模式图

(1)中二叠世末，东吴运动导致上扬子地区发生穹状隆升并引起华南发生大规模海退事件，导致中二叠统茅口组灰岩遭受不同程度的暴露、风化和剥蚀。中-晚二叠世之交 ELIP 火山岩大规模喷发，早期岩性主要为玄武岩及火山碎屑，到晚期还有粗面岩、流纹岩等长英质火山岩的喷发及少量花岗质岩体侵位[图 6-9(a)]。

(2)随着地壳的隆升以及 ELIP 喷发形成的温室气候及酸雨导致火山岩强烈风化，形成的风化碎屑物被剥蚀搬运沉积在附近盆地。内带—中带因 ELIP 火山岩厚度巨大，尚未完全剥蚀，宣威组(P_3x)直接覆盖于峨眉山玄武岩组(P_3e)之上；中带—外带 ELIP 火山岩厚度中等，部分地区剥蚀完全，龙潭组(P_3l)/吴家坪组(P_3w)沉积于石炭纪—二叠纪碳酸盐岩不整合面之上。Li 等关键金属从母岩中风化释放，随高岭石等黏土矿物被搬运到海陆交互的滨岸潟湖半咸水还原环境下沉积，富集成矿[图 6-9(b)]。

(3)受含硫热液以及上部岩层静压等地质作用影响，在流体的循环流动及重新分配过程中，Li、REE、Ga、Nb 等关键金属元素的进一步富集，形成含黄铁矿高岭石黏土岩矿石类型[图 6-9(c)]。

第七章　找矿模型及资源潜力

第一节　找 矿 模 型

以矿床成矿模式为基础，在成矿规律总结研究基础上，建立了川南黏土型关键金属矿床的找矿模型，借以指导同类矿床地质找矿工作的有效开展。

一、地层及岩性标志

川南地区黏土型锂等关键金属成矿受地层控制明显，集中分布于上二叠统龙潭组(P_3l)下部黏土岩之中，含矿地层厚度一般在 5～10 m，底板为中二叠统茅口组(P_2m)灰岩，顶板为黑色碳质泥岩夹薄煤层(线)，地层标志明显。根据其中黄铁矿及碳质(碳化植物碎片)的含量不同，由下而上大致可分为灰色高岭石黏土岩、浅灰色含黄铁矿高岭石黏土岩(风化后为黄褐色褐铁矿化高岭石黏土岩)、灰色-棕灰色碳质(植物化石)高岭石黏土岩，以浅灰色含黄铁矿高岭石黏土岩为主。

从研究区以及钻孔岩心样品分析结果来看，Li 主要富集在含黄铁矿高岭石黏土岩之中，其上、下的灰色-棕灰色碳质(植物化石)高岭石黏土岩、灰色高岭石黏土岩中 Li 含量较低，基本没有达到铝土矿中 Li 综合利用的指标($Li_2O \geqslant 0.05\%$，$Li \geqslant 232\times10^{-6}$)。Nb、Ga、REO 等在龙潭组下部黏土岩三个岩性层中均有富集，其含量没有明显的差别。

龙潭组下部黏土岩之上的岩性主要为灰褐、灰黄、灰黑色砂岩及粉砂岩、页岩(泥岩)夹煤层及菱铁矿，为一套海陆交互相含煤岩系，其中灰色、深灰色泥岩、粉砂质泥岩的 Li、Nb、Ga、REO 等的含量显著低于底部高岭石黏土岩(表 7-1)。分析结果表明，泥岩、粉砂岩中的 Li 含量为 12.1×10^{-6}～93.6×10^{-6}，平均为 38.1×10^{-6}，略高于全国岩石 Li 平均含量(29.22×10^{-6})(王学求等，2020)；Nb 含量为 34.3×10^{-6}～54.6×10^{-6}(Nb_2O_5 含量为 49.0×10^{-6}～77.9×10^{-6})，Nb_2O_5 平均含量为 66.3×10^{-6}，低于风化壳型铌矿的边界品位(80×10^{-6})，远低于兴文地区下部高岭石黏土岩 Nb_2O_5 平均 181×10^{-6} 的含量；稀土氧化物含量相对较高，为 0.020%～0.036%，平均为 0.030%，也远低于兴文地区下部高岭石黏土岩中 REO 的平均含量(0.098%)。

表 7-1 龙潭组中-上部泥岩 Li、Nb、REO 等含量分析结果

样号	$Li/10^{-6}$	$Nb/10^{-6}$	REO/%	$Nb_2O_5/10^{-6}$	样号	$Li/10^{-6}$	$Nb/10^{-6}$	REO/%	$Nb_2O_5/10^{-6}$
D003-1H1	12.1	34.3	0.020	49.0	D003-5H1	93.6	54.5	0.036	77.9
D003-3H1	20.4	51.1	0.031	73.1	D003-6H1	38.9	48.6	0.031	69.5
D003-4H1	25.6	43.5	0.034	62.2	平均值	38.1	46.4	0.030	66.3

在川南地区，除了上二叠统龙潭组(P_3l)下部为高岭石黏土岩外，在下二叠统梁山组(P_1l)还分布有铝土质黏土岩。梁山组(P_1l)平行不整合于下伏志留系韩家店组($S_{1-2}h$)或石牛栏组(S_1s)之上，主要为海陆交互相含煤岩系，岩性为灰绿色粉砂岩、灰色黏土岩夹碳质页岩，产赤铁矿及黏土矿，部分地段为铝土质黏土岩或铝土矿。本次研究在兴文地区采集了梁山组的铝土质黏土岩，对 Li 等关键金属含量进行了分析(表 7-2)。

表 7-2 下二叠统梁山组铝土质黏土岩 Li、Nb、Ga、REO 等含量分析结果

样号	岩性	$Li/10^{-6}$	$Nb/10^{-6}$	$Ga/10^{-6}$	REO/%	$Nb_2O_5/10^{-6}$
CN21-1	灰色砂质铝土质黏土岩	33.3	16.4	16.9	0.028	23.4
CN22-1	灰色铝土质黏土岩	39.3	14.6	18.6	0.028	20.9
CN23-1	灰白色铝土质黏土岩	27.7	21.0	22.9	0.032	39.6
CN25-1	灰黑色碳质铝土质黏土岩	11.3	24.6	34.5	0.033	35.2
CN60-1	浅灰色铝土质黏土岩	11.5	29.8	58.9	0.022	42.6
CN61-1	灰色含碳铝土质黏土岩	23.9	27.2	58.2	0.044	38.9
平均值		24.5	22.3	35.0	0.031	33.4

分析结果表明，梁山组铝土质黏土岩中 Li、Nb、Ga、REO 等关键金属含量都很低，Li 含量为 11.3×10^{-6}～39.3×10^{-6}，平均为 24.5×10^{-6}，仅相当于全国 Li 元素的背景值(24.39×10^{-6})(王学求等，2020)。Nb 含量为 14.6×10^{-6}～29.8×10^{-6}(Nb_2O_5 含量为 20.9×10^{-6}～42.6×10^{-6}，平均值为 33.4×10^{-6})，平均值为 22.3×10^{-6}，远低于兴文地区下部高岭石黏土岩 Nb_2O_5 平均值(181×10^{-6})。稀土氧化物含量相对较高，为 0.022%～0.044%，平均为 0.031%，远低于兴文地区下部高岭石黏土岩中 REO 平均含量(0.098%)。Ga 含量为 16.9×10^{-6}～58.9×10^{-6}，平均为 35.0×10^{-6}，远低于兴文地区下部高岭石黏土岩中 Ga 平均值(52.9×10^{-6})。

近年来在贵州、云南、广西等地发现的碳酸盐黏土型锂矿(温汉捷等，2020)，锂等关键金属主要富集于贵州下石炭统九架炉组(C_1jj)、云南中部下二叠统倒石头组(P_1d)(温汉捷等，2020)、广西平果上二叠统合山组(P_3h)(凌坤跃等，2021)、贵州大竹园上石炭统大竹园组(C_2d)(王登红等，2013)之中，其岩性为铝土质黏土岩、铁质黏土岩、铝土矿、黄铁矿的岩性组合，局部夹有煤线。黔中下石炭统九

架炉组(C_1jj)及滇中下二叠统倒石头组(P_1d)黏土岩和铝土岩中 Li_2O 平均为 0.3%(Li 含量为 1400×10^{-6})。除 Li 以外，Ga、REE、Nb 也具有一定程度的富集(温汉捷等，2020；凌坤跃等，2021)，滇中盆地内的倒石头组(P_1d)Ga 含量为 32×10^{-6}～69×10^{-6}，平均为 43×10^{-6}，超过了铝土矿型镓矿床的工业品位；轻稀土(LREE)含量可达 800×10^{-6}～1045×10^{-6}，达到了风化壳型稀土矿床的最低工业品位；广西平果上二叠统合山组(P_3h)底部铝土矿层 Nb_2O_5 含量为 0.02%～0.04%(平均为 0.03%)。这些地区的含矿岩系均平行不整合于下伏碳酸盐岩之上，成矿物质来自基底的不纯碳酸盐岩，碳酸盐岩风化-沉积作用是富 Li 黏土岩形成的主要机制(温汉捷等，2020)。川南地区梁山组(P_1l)岩性也为铝土质黏土岩，但其中的 Li、Nb、Ga 等关键金属含量都很低，这很大可能是下伏地层韩家店组($S_{1-2}h$)的钙泥质粉砂岩、砂泥岩在风化-沉积过程中，没有提供足够的成矿元素。

二、区域地球化学背景

2014～2016 年，四川省地质调查院在宜宾市开展了土地多目标区域地球化学调查工作，获得了区内土壤中 Li、Nb 等元素的地球化学异常分布图(图 7-1、图 7-2)。结果表明，在宜宾市西南部兴文－珙县－筠连地区，Li、Nb 高值带呈条带状展布，连续性好，浓集贫化分带清晰，在空间上与本区包括龙潭组/宣威组关键金属富集目标层位在内的二叠系地层基本重叠。Li 异常的浓度为 55×10^{-6}～111×10^{-6}，浓集中心可达 143×10^{-6}～217×10^{-6}，远高于全国岩石锂平均含量(29.22×10^{-6})和背景值(24.39×10^{-6})(王学求等，2020)。Nb 异常的浓度为 28×10^{-6}～45×10^{-6}，浓集中心可达 49×10^{-6}～78×10^{-6}，远高于大陆上地壳 Nb 元素的丰度(12×10^{-6})。川南地区二叠纪地层中富集 Li、Nb 等关键金属，显示本区具有良好的成矿地球化学背景，也为地质找矿提供了地球化学信息。

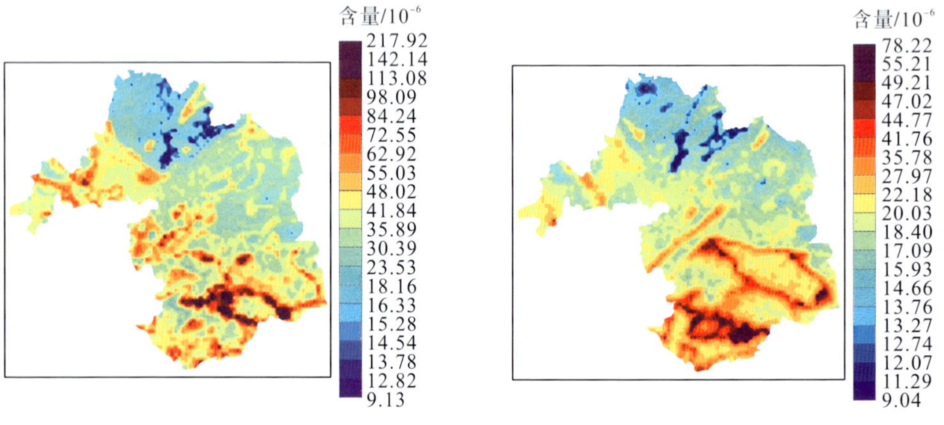

图 7-1 宜宾表层土壤(0～20 cm)Li 含量分布图 图 7-2 宜宾表层土壤(0～20 cm)Nb 含量分布图

三、沉积环境标志

黏土岩中 Li 等关键金属的富集受沉积环境等多种因素的影响。富 Li 等关键金属黏土岩的沉积成岩环境为滨岸潟湖相对封闭的还原咸水环境。

宏观的岩性及沉积构造标志为：灰色高岭石黏土岩，不均匀分布有星点状、团块状黄铁矿，水平层理发育，在层理面上普遍见黑色碳屑分布，高岭石黏土岩除致密块状外，有少量具鲕粒构造。反映沉积环境的地球化学指标，如 Ni、Ni/Co、δU 等指示为弱还原-还原的咸水环境。

四、矿石标志

Li 等关键金属主要富集于含黄铁矿高岭石黏土岩之中。含黄铁矿高岭石黏土岩，新鲜未风化岩石呈浅灰-浅灰白色，块状构造，其中黄铁矿含量分布不均、变化大，一般为 5%～10%，局部可达 20%以上，以浸染状、团块状等形式分布。黄铁矿主要呈立方体细粒状，细小晶体组成聚晶呈团粒状产出，除黄铁矿外还有少量白铁矿。地表岩石风化后为黄褐色褐铁矿化高岭石黏土岩，部分岩石中尚可见到黄铁矿风化后形成立方体形态。

第二节　手持式激光诱导击穿光谱仪锂快速检测找矿试验

针对风化壳黏土岩中 Li 等关键金属含量低、矿化标志不明显、找矿难度较大的特点，为了在野外地质调查过程中现场确定样品中 Li 元素的含量，指导样品采集以及地质剖面、钻探工作布置，提高找矿效率，实现快速找矿突破，本次研究与成都艾立本科技有限公司合作，采用该公司研制的 LMA00 型手持式激光诱导击穿光谱仪（laser induced breakdown spectrometer，LIBS），开展了 LIBS 找矿方法试验。

一、仪器及样品测试

激光诱导击穿光谱仪（LIBS），是一种基于激光与物质相互作用的新型光谱分析技术，以脉冲激光直接聚焦于测试样品表面，从而产生等离子体的原子发射光谱分析方法。具有体积小、重量轻、操作简单、自带标准曲线、数据自动分析处理、分析速度快（10 秒内可得数据）的特点，最为重要的是能够对轻元素进行检测（$Z<12$），可测定 Li、Be、B、C、N 等元素，弥补了 X 射线荧光光谱（XRF）技术的短板。

本次试验采用成都艾立本科技有限公司最新研制的LMA00型手持式LIBS仪器，仪器参数见表7-3。

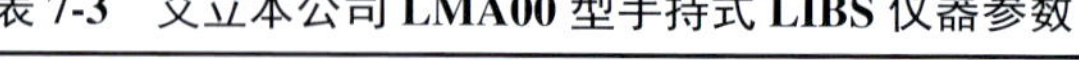

表 7-3 艾立本公司 LMA00 型手持式 LIBS 仪器参数

整机尺寸及总量	尺寸：274×197×128；重量 1.9 kg（含电池）
激光器能量	约 0.2 mJ
激光输出频率	10 Hz
光谱范围	170～770 nm
光谱分辨率	0.2～0.7 nm
可检测元素	Li、Ni、Co、Mn、Al、Cu 等元素定性定量分析
灵敏度	几十 ppm（1ppm=10^{-6}）
样品分析时间	30 s 内
仪器稳定性（RSD）	<10%
工作电压	电池供电（待机时长 6 h）
工作环境	工作温度 0～40 ℃，推荐工作湿度<70%

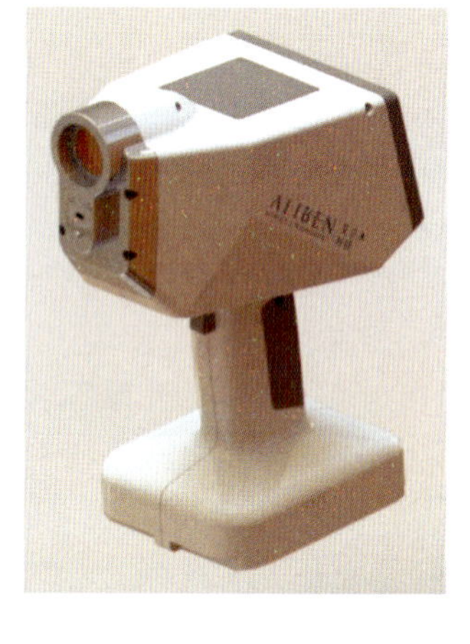

样品可在野外现场（图7-3）或野外驻地进行测试。测试步骤：①将采集的新鲜样品用锉刀磨一个或数个较平整光滑的面；②将调试好的仪器的测试头紧贴样品，按下开关，发射激光，持续约10秒，液晶屏幕显示测试数据；③随机测试3～5个点，取平均值。

图 7-3 手持式 LIBS 野外现场样品测试

二、分析结果

27件样品实验室化学分析与手持式LIBS测试Li含量分析结果见表7-4、图7-4。

表 7-4 化学分析 Li 含量与手持式 LIBS 测试 Li 含量结果统计

样品编号	化学分析值/10^{-6}	LIBS 值/10^{-6}	相对误差/%	样品编号	化学分析值/10^{-6}	LIBS 值/10^{-6}	相对误差/%
XY-54-1	67.3	73.25	8.47	CN19-3	118	94.33	22.29
XY-56-2	804	649.1	21.32	CN51-3	22	27.67	22.82
XY-57-4	61.4	49.05	22.36	CN52-2	1999	2113	5.54
XY-59-2	1378	1245.6	10.10	CN55-2	165	164.25	0.46
CN02-1	68	57.09	17.44	CN57-2	234	276	16.47
CN02-3	143	153.25	6.92	CN58-2	117	173.33	38.81
CN04-1	32.5	30	8.00	CN62-1	21	23.33	10.53
CN05-2	168	199.2	16.99	CN64-1	40	56.33	33.91
CN07-2	76	84.6	10.71	CN73-2	35	31.67	10.00
CN11-3	208	252.40	19.29	CN73-3	53	37.67	33.82
CN12-1	107	112.79	5.26	CN75-2	58	56.38	2.84
CN14-1	186	218.33	15.99	CN76-2	125	189.33	40.93
CN15-1	42	45.57	8.16	CN77-1	398	411.60	3.36
CN15-2	12	16.67	32.56	均方相对误差/%			19.96

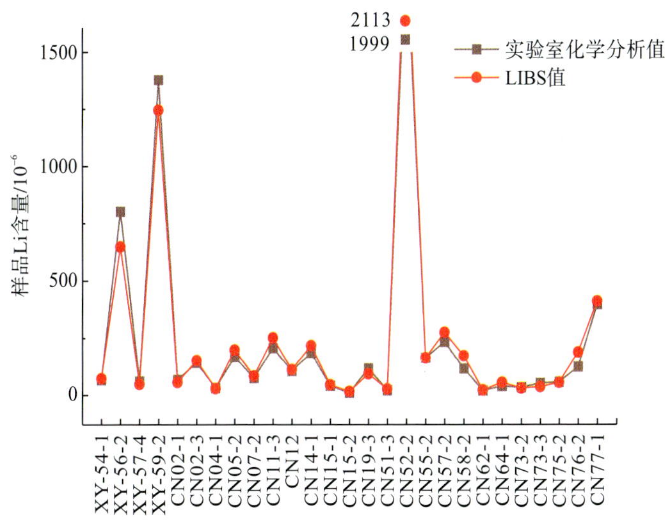

图 7-4 实验室化学分析与手持式 LIBS 测试 Li 含量对比图

结果表明，实验室化学分析与野外现场 LIBS 测试 Li 含量结果基本一致，大部分样品相对误差<20%，全部样品 Li 元素含量的均方相对误差为 19.96%。因此，在野外采用手持式 LIBS 现场测试样品中 Li 元素含量的含量具有较高的准确性，能够满足野外地质调查的需求，能够指导样品采集与选送、剖面测制、钻探布置等工作。

第三节 资源潜力及找矿靶区

一、资源潜力分析

川南地区兴文—叙永地区位于峨眉山大火成岩省中带—外带，与火成岩风化-沉积有关的上二叠统龙潭组下部黏土岩层位稳定，分布范围广，厚度一般为 5～10 m，是 Li、Nb、Ga、REE 等多种关键金属的富集层。

兴文地区，样品中 Li 含量变化大，大部分样品没有达到铝土矿中 Li 综合利用的指标，对比钻孔岩心样品的分析结果，推测可能受地表风化淋滤作用的影响，使 Li 元素含量降低。在所分析的 40 件样品中，有 2 件样品 Li 含量为 1482×10^{-6}、2053×10^{-6}，表明黏土层中的部分地段 Li 元素高度富集，这指示了该地区有望找到品位较高的黏土型锂矿。REO 含量变化较大，40 件样品为 0.031%～0.409%，平均为 0.098%，有 2 个异常值，分别为 0.240%、0.409%，中位数为 0.076%，高于风化壳型矿床边界品位，接近最低工业品位。Nb_2O_5 含量为 41×10^{-6}～309×10^{-6}，平均为 181×10^{-6}，中位数为 176×10^{-6}，40 件样品中有 27 件样品达到风化壳铌矿的最低工业品位。Ga 含量为 26.5×10^{-6}～73.2×10^{-6}，平均为 52.9×10^{-6}，Ga 中位数为 52.8×10^{-6}，高于镓矿资源工业指标。

叙永地区，43 件样品中 Li 含量为 44.2×10^{-6}～1378×10^{-6}，平均为 249×10^{-6}，中位数为 228×10^{-6}，有 2 个异常值分别是 804×10^{-6}、1378×10^{-6}，有 19 件样品 Li 含量达到了铝土矿中锂综合利用的指标。REO 含量变化大，为 0.028%～0.225%，平均为 0.070%，有 1 个异常值，为 0.225%，中位数为 0.062%，11 件样品的 REO 含量达到了最低工业品位(0.08%)，最大值为 0.225%。Nb_2O_5 含量为 104×10^{-6}～534×10^{-6}，平均为 215×10^{-6}，有 3 个异常值，分别为 534×10^{-6}、409×10^{-6}、369×10^{-6}，中位数为 193×10^{-6}，达到了风化壳铌矿的最低工业品位。Ga 含量为 33.0×10^{-6}～78.9×10^{-6}，平均为 54.5×10^{-6}，中位数为 54.6×10^{-6}，高于镓矿资源工业指标。

基于以上分析，研究区龙潭组 Li 等关键金属富集层位稳定、厚度较大、矿化元素多，初步显现了较好的资源前景，有望成为风化-沉积型 Li 等关键金属矿床的重要产出层，具有巨大的勘查评价及综合研究价值。

二、找矿靶区

在 Li 等关键金属的含矿地层、分布特征以及富集机理、成矿规律研究的基础上，结合对成矿地质背景的分析，在兴文-叙永地区初步圈定了两个找矿靶区。

(一)兴文地区

1. 位置及面积

兴文地区找矿靶区位于兴文县城南东方向长宁背斜转折端处，找矿靶区宽约 0.9 km，长约 9 km，面积约 8.1 km^2(图 7-5)，其中有 8 个地质调查点及 1 个钻孔。

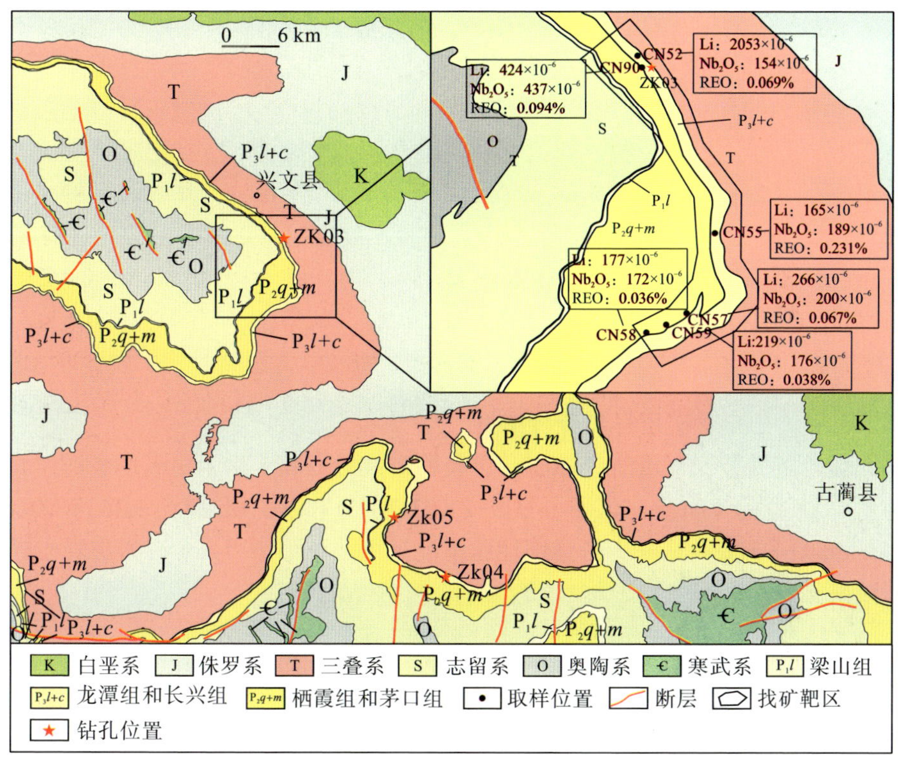

图 7-5 兴文靶区地质简图

2. 矿化显示

1)地质调查点元素含量特征

地质调查点样品分析结果见表 7-5。分析结果表明，Li 含量为 31.7×10^{-6}～2053×10^{-6}，平均 423.4×10^{-6}，有 3 件样品达到了铝土矿中锂综合利用的指标(232×10^{-6})；Ga 含量为 34×10^{-6}～67.3×10^{-6}，平均为 53.1×10^{-6}，8 件样品含量均达到现行的镓矿资源工业指标要求(30×10^{-6})；Nb_2O_5 含量为 115×10^{-6}～437×10^{-6}，平均为 198.6×10^{-6}，均达到风化壳型矿床边界品位(80×10^{-6})，5 件样品达到风化壳型矿床最低工业品位(160×10^{-6})，含量为 172×10^{-6}～437×10^{-6}，平均为 210.6×10^{-6}；稀土氧化物含量为 0.036%～0.231%，平均为 0.087%，8 件样品中 6

件样品达到风化壳型矿床边界品位(0.05%)，3 件样品达到了最低工业品位(0.08%)。

表 7-5 兴文靶区地质调查点成矿元素分析结果

样 号	$Li/10^{-6}$	$Ga/10^{-6}$	$Nb_2O_5/10^{-6}$	REO/%
CN52	2053	34	154	0.069
CN90	424	61	437	0.094
CN53	51.3	42.3	146	0.075
CN55	165	67.3	189	0.231
CN56	31.7	52.5	115	0.089
CN57	266	52.8	200	0.067
CN58	177	60.6	172	0.036
CN59	219	54.3	176	0.038
最大值	2053	67.3	437	0.231
最小值	31.7	34	115	0.036
平均值	423.4	53.1	198.6	0.087

2)钻孔岩心中含矿层样品分析结果

靶区内施工了一个浅钻(ZK03)，含黄铁矿高岭石黏土岩为主要的含矿层，可分为上矿层(厚约 4.61 m，ZK03-6-H1～ZK03-7-H5)和下矿层(厚约 1.36 m，ZK03-8-H4～ZK03-8-H5)，钻孔岩心详细地质情况见第四章第一节。含矿岩层岩心样品分析结果见表 7-6。

表 7-6 兴文靶区 ZK03 号钻孔岩心成矿元素分析结果

样号	岩性	$Li/10^{-6}$	$Ga/10^{-6}$	$Nb_2O_5/10^{-6}$	REO/%
ZK03-6-H1	含黄铁矿高岭石黏土岩	282	66.4	411	0.107
ZK03-6-H2		379	66.7	315	0.081
ZK03-6-H3		386	64.3	310	0.060
ZK03-7-H1		444	55.2	230	0.048
ZK03-7-H2		315	42.7	155	0.037
ZK03-7-H3		391	42.3	192	0.041
ZK03-7-H4		281	41.5	150	0.050
ZK03-7-H5		295	45	207	0.081
ZK03-8-H4		184	62.1	163	0.053
ZK03-8-H5		266	30.5	72	0.068
最大值		444	66.7	411	0.107
最小值		184	41.5	72	0.037
平均值		322.3	51.67	220	0.062

分析结果表明，Li 含量为 184×10^{-6}～444×10^{-6}，平均为 322.3×10^{-6}，10 件样品中 9 件达到了铝土矿中锂综合利用的指标(232×10^{-6})；Ga 含量为 41.5×10^{-6}～66.7×10^{-6}，平均为 51.67×10^{-6}，均达到现行的镓矿资源工业指标要求(30×10^{-6})；Nb_2O_5 含量为 72×10^{-6}～411×10^{-6}，平均为 220×10^{-6}，9 件样品达到风化壳型矿床边界品位(80×10^{-6})，7 件样品达到风化壳型矿床最低工业品位(160×10^{-6})，含量为 163×10^{-6}～411×10^{-6}，平均为 261.1×10^{-6}；REO 含量为 0.037%～0.107%，平均为 0.062%，7 件样品达到风化壳型边界品位(0.05%)，3 件样品达到了最低工业品位(0.08%)。

(二)叙永地区

1. 位置及面积

叙永地区找矿靶区位于叙永县城南方向约 18 km 处，找矿靶区宽约 0.9 km，长约 20 km，面积约 18 km^2(图 7-6)，其中有 9 个地质调查点及 2 个钻孔。

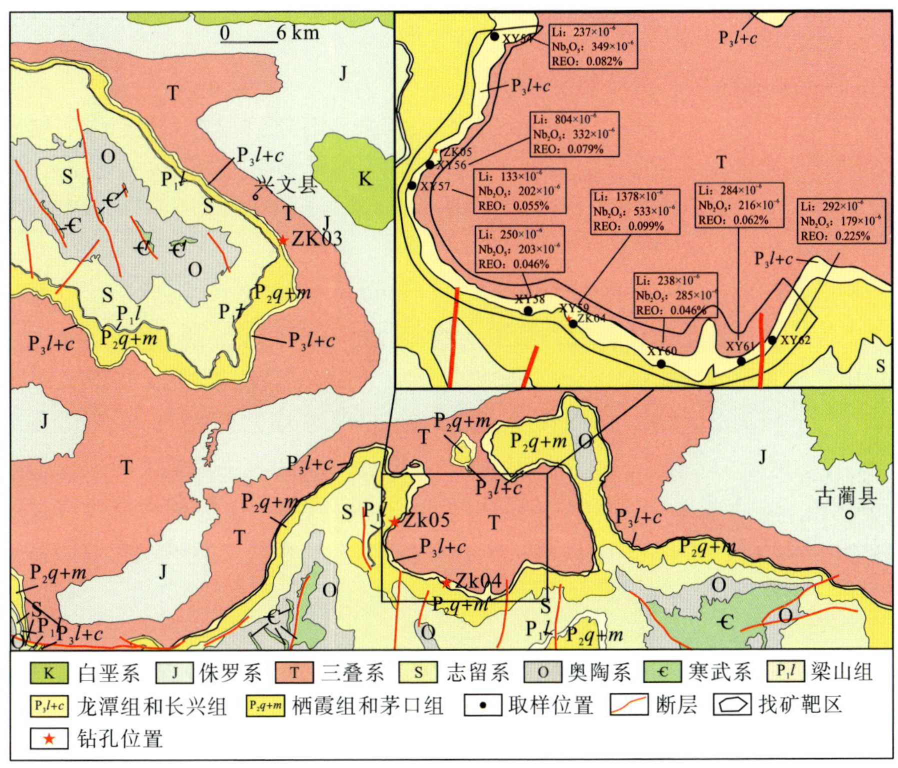

图 7-6 叙永靶区地质简图

2. 矿化显示

1)地质调查点元素含量特征

靶区内地质调查点样品分析结果见表 7-7。

表 7-7 叙永靶区地质调查点成矿元素分析结果

样号	$Li/10^{-6}$	$Ga/10^{-6}$	$Nb_2O_5/10^{-6}$	REO/%
XY-54-2	237	73.2	349	0.082
XY-55-1	25.6	35.8	153	0.082
XY-56-2	804	65	332	0.078
XY-57-2	133	66.1	202	0.055
XY-58-3	250	39.9	203	0.046
XY-59-2	1378	78.9	533	0.099
XY-60-2	238	62.4	285	0.046
XY-61-1	284	57.9	216	0.062
XY-62-1	292	61.8	179	0.225
最大值	1378	78.9	533	0.225
最小值	25.6	35.8	153	0.046
平均值	404.6	60.1	272	0.086

分析结果表明，Li 含量为 25.6×10^{-6}～1378×10^{-6}，平均为 404.6×10^{-6}，9 件样品中 7 件达到了铝土矿中锂综合利用的指标(232×10^{-6})。Ga 含量为 35.8×10^{-6}～78.9×10^{-6}，平均为 60.1×10^{-6}，全部样品均达到现行的镓矿资源工业指标要求(30×10^{-6})。Nb_2O_5 含量为 153×10^{-6}～533×10^{-6}，平均为 272×10^{-6}，全部样品均达到风化壳型矿床边界品位(80×10^{-6})，其中 8 件样品达到风化壳型矿床最低工业品位(160×10^{-6})，含量为 179×10^{-6}～533×10^{-6}，平均为 287×10^{-6}。稀土氧化物含量为 0.046%～0.225%，平均为 0.086%，9 件样品中 7 件样品达到风化壳型边界品位(0.05%)，4 件样品达到了最低工业品位(0.08%)。

2)钻孔岩心样品分析结果

叙永靶区内施工了 2 个浅钻(ZK04、ZK05)，含矿岩层为高岭石黏土岩和含黄铁矿高岭石黏土岩。ZK04 高岭石黏土岩厚 1.3 m，含黄铁矿高岭石黏土岩厚 7.6 m，合计 8.9 m。ZK05 含黄铁矿高岭石黏土岩厚 3.9 m。钻孔岩心样品分析结果见表 7-8、表 7-9。

表 7-8　叙永靶区 ZK04 号钻孔岩心成矿元素分析结果

样号	岩性	$Li/10^{-6}$	$Ga/10^{-6}$	$Nb_2O_5/10^{-6}$	REO/%
ZK04-2-B1	高岭石黏土岩	256	76.2	383	0.052
ZK04-3-B1	含黄铁矿高岭石黏土岩	134	49	183	0.031
ZK04-4-B1		152	58.4	206	0.035
ZK04-4-B2		161	74.2	245	0.049
ZK04-5-B1		64	57	184	0.047
ZK04-5-B2		27.4	82.2	177	0.076
ZK04-6-B1		25.8	54.7	132	0.071
ZK04-7-B1		57.4	63.6	197	0.105
最大值		256	82.2	383	0.105
最小值		25.8	49	132	0.031
平均值		110	64.4	214	0.058

表 7-9　叙永靶区 ZK05 号钻孔岩心成矿元素分析结果

样号	岩性	$Li/10^{-6}$	$Ga/10^{-6}$	$Nb_2O_5/10^{-6}$	REO/%
ZK05-9-B1	含黄铁矿高岭石黏土岩	305	55.8	273	0.085
ZK05-9-B2		273	59.8	237	0.070
ZK05-9-B3		238	61.4	259	0.062
ZK05-9-B4		353	58.8	256	0.055
ZK05-9-B5		104	67.2	223	0.051
最大值		353	67.2	273	0.085
最小值		104	55.8	223	0.051
平均值		255	60.6	250	0.064

ZK04 号钻孔岩心分析结果表明，Li 含量为 25.8×10^{-6}～256×10^{-6}，平均为 110×10^{-6}，仅 1 件样品达到铝土矿中锂综合利用的指标（232×10^{-6}）。Ga 含量为 49×10^{-6}～82.2×10^{-6}，平均为 64.4×10^{-6}，8 件样品含量达到现行的镓矿资源工业指标要求（30×10^{-6}）。Nb_2O_5 含量为 132×10^{-6}～383×10^{-6}，平均为 214×10^{-6}，均达到风化壳型矿床边界品位（80×10^{-6}），7 件样品达到风化壳型矿床最低工业品位（160×10^{-6}），含量为 177×10^{-6}～383×10^{-6}，平均为 225×10^{-6}。稀土氧化物含量为 0.031%～0.105%，平均为 0.058%，4 件样品达到风化壳型边界品位（0.05%），1 件样品达到了最低工业品位（0.08%）。

ZK05 号钻孔岩心分析结果表明，5 件样品 Li 含量为 104×10^{-6}～353×10^{-6}，平均为 255×10^{-6}，只有 1 件样品低于铝土矿中锂综合利用的指标（232×10^{-6}）。Ga 含量为 55.8×10^{-6}～67.2×10^{-6}，平均为 60.6×10^{-6}，5 件样品含量均达到现行的镓矿资

源工业指标要求(30×10^{-6})。Nb_2O_5含量为$223\times10^{-6}\sim273\times10^{-6}$，平均为$250\times10^{-6}$，均达到风化壳型矿床最低工业品位$(160\times10^{-6})$。稀土氧化物含量为 0.051%～0.085%，平均为0.064%，5件样品达到风化壳型边界品位(0.05%)，1件样品达到了最低工业品位(0.08%)。

上述特征表明，川南兴文、叙永找矿靶区Nb、Li、Ga、稀土等元素富集程度较高，是一个多种关键金属的富集层，具有良好的成矿潜力和找矿前景。

结　　语

川南地区广泛分布有与二叠纪峨眉山大火成岩省火山岩风化-沉积作用有关的龙潭组下部高岭石黏土岩，具有分布面积广、厚度较大、关键金属富集程度高、资源潜力大的特点，是今后寻找黏土型锂、铌、镓、稀土等关键金属资源的重要地区之一。本书通过对川南地区上二叠统龙潭组下部黏土岩中锂等关键金属含量、富集规律等的研究，初步查明了锂等关键金属的赋存状态，建立了成矿模式和找矿模型，分析了资源潜力，指出了找矿方向，对于今后在该地区开展锂等关键金属的地质找矿及矿产资源开发利用具有重要的指导作用。但是应该看到的是，对川南地区黏土型锂等关键金属资源的研究与地质找矿才刚刚起步，本次工作所取得的一些发现和认识还需要今后工作的补充、修正。正因为如此，依据本次在川南地区对黏土型锂等关键金属资源地质调查与研究的实践，提出对今后工作的建议，将有助于川南及类似地区黏土型关键金属矿床的科学研究和地质找矿。

(1)本次工作主要是在研究区采集上二叠统龙潭组下部高岭石黏土岩样品，确定是否存在锂等关键金属的富集，虽然施工了数个浅钻，且根据岩心样品的分析结果讨论了锂等关键金属的成矿规律，但对关键金属富集层的控制程度是远远不够的。要实现川南地区黏土型关键金属找矿突破，勘查工作是地质找矿的基础，而部署勘查工作的前提则是成矿理论与找矿模式。但对黏土型关键金属矿床，目前没有可以依据的勘探规范，盲目开展生产勘查则可能会欲速而不达，因此先期应开展一些科研性的示范勘查工作。近年来，在云南、贵州对黏土型锂资源、稀土资源的地质找矿均开展了科研性的示范勘查工作，取得了较好的效果。在今后的地质找矿中，首先应在前期工作的基础上，依据成矿地质背景及已有样品分析结果，先选择性部署一批科研性钻孔和采样点，对关键控矿要素(地层、岩性)和钻孔岩心进行研究，进一步查明锂等关键金属的分布规律及其与控矿因素的关联，获得部署勘查工作的先导性理论依据。在随后跟进的勘查示范阶段，以含矿层厚度大、品位高的地段作为试验区(约 10 km^2)，对照生产勘查规范完成必要工作流程和内容，保证工作质量符合规范标准，同时兼顾找矿目标和后续科研需求。此外，成矿规律研究应同时进行，确保理论研究与勘查工作融合推进。

(2)元素的赋存状态是黏土型关键金属矿床开发利用最重要的制约因素之一，勘查研究过程中应注重对矿石选冶加工技术性、工艺流程的研究。本次研究虽采用多种先进的分析测试手段，讨论了 Li、Nb、REE 等元素的赋存状态，但研究不够深入系统。如：只在 1 件锂含量很高的黏土岩中发现了锂云母，也没有对锂云母的形态、大小等工艺矿物学特征进行研究；对不同赋存状态的锂的配分也缺乏分析；对稀土的赋存状态只采用 SEM-EDS 方法进行了初步分析，没有进行化学相分析；发现了微米级的稀土独立矿物，但没有采用透射电子显微镜(transmission electron microscope，TEM)分析是否存在纳米级的独立矿物；没有开展稀土元素的浸提试验。在今后的工作中应注重这些问题的研究，为黏土型关键金属资源的开发利用提供依据。

(3)要注意对某些地段特定岩层中关键金属元素的评价。本次研究发现，龙潭组下部高岭石黏土岩中 Co 含量相对较低，但在叙永地区的 ZK04 钻孔中龙潭组底部、茅口组灰岩顶部厚 0.9 m 的埃洛石夹高岭石黏土岩层中，Co 含量达 885×10^{-6}，超过了最低综合利用品位(200×10^{-6})。在川南地区龙潭组底部普遍分布有一层厚度不等的白色埃洛石或埃洛石夹高岭石层，因此应重视对该区黏土岩中 Co 的含量及赋存状态的研究，评估其中 Co 资源的经济价值。

参 考 文 献

曹飞, 杨卉芃, 张亮, 等, 2019. 全球钽铌矿产资源开发利用现状及趋势. 矿产保护与利用, 39(5): 56-67, 89.

曹清古, 刘光祥, 张长江, 等, 2013. 四川盆地晚二叠世龙潭期沉积环境及其源控作用分析. 石油实验地质, 35(1): 36-41.

常丽华, 陈曼云, 金巍, 等, 2006. 透明矿物薄片鉴定手册. 北京: 地质出版社.

陈聪, 林良彪, 余瑜, 等, 2022. 四川盆地南部 CLD1 井龙潭组地球化学特征及古环境意义. 成都理工大学学报(自然科学版), 49(2): 225-238.

陈光远, 孙岱生, 张立, 等, 1987. 黄铁矿成因形态学[J]. 矿物岩石地球化学通报, 6(1): 139-140.

陈国勇, 范玉梅, 孟昌忠, 等, 2017. 贵州威宁-赫章二叠系乐平统含铁、铝岩系沉积环境及成矿元素富集特征分析. 地质与勘探, 53(2): 237-246.

陈杰, 段士刚, 张作衡, 等, 2014. 新疆西天山式可布台铁矿地质、矿物化学和 S 同位素特征及其对矿床成因的约束. 中国地质, 41(6): 1833-1852.

陈骏, 2019. 关键金属超常富集成矿和高效利用. 科技导报, 37(24): 1.

陈平, 柴东浩, 1997. 山西地块石炭纪铝土矿沉积地球化学研究. 太原: 山西科学技术出版社.

陈兴, 薛春纪, 2016. 西天山乌拉根大规模铅锌成矿中 H_2S 成因: 菌生结构和硫同位素组成约束. 岩石学报, 32(5): 1301-1314.

池汝安, 田君, 2007. 风化壳淋积型稀土矿评述. 中国稀土学报, 25(6): 641-650.

崔燚, 温汉捷, 于文修, 等, 2022. 滇中下二叠统倒石头组富锂黏土岩系锂的赋存状态及富集机制研究. 岩石学报, 38(7): 2080-2094.

代世峰, 任德贻, 李生盛, 2006. 内蒙古准格尔超大型镓矿床的发现. 科学通报, 51(2): 177-185.

代世峰, 周义平, 任德贻, 等, 2007. 重庆松藻矿区晚二叠世煤的地球化学和矿物学特征及其成因. 中国科学(D 辑), (3): 353-362.

代世峰, 任德贻, 周义平, 等, 2014. 煤型稀有金属矿床: 成因类型、赋存状态和利用评价. 煤炭学报, 39(8): 1707-1715.

代世峰, 赵蕾, 王宁, 等. 2024. 煤系中关键金属元素的成矿作用研究进展与展望. 矿物岩石地球化学通报, 43(1): 49-63, 5.

代涛, 高天明, 博杰, 2022. 元素视角下的中国稀土供需格局及平衡利用策略. 中国科学院院刊, 37(11): 1586-1594.

邓守和, 1986. 川南晚二叠世初期沉积黄铁矿成因分析. 四川地质学报, 6(1): 8-20, 89.

邓旭升, 余文超, 杜远生, 等, 2023. 贵州狮溪铝土岩型锂资源的发现及意义. 地质论评, 69(1): 133-147.

杜胜江, 温汉捷, 罗重光, 等, 2019. 滇东—黔西地区峨眉山玄武岩富 Nb 榍石矿物学特征. 矿物学报, 39(3): 253-263.

杜胜江，温汉捷，罗重光，等，2023. 宣威—威宁地区铌矿床的元素赋存状态及富集机制. 地质学报，97(4): 1192-1210.

敦妍冉，荆海鹏，洛桑才仁，等，2019. 全球镓矿资源分布、供需及消费趋势研究. 矿产保护与利用，39(5): 9-15, 25.

范宏鹏，叶霖，黄智龙，2021. 铝土矿（岩）中伴生的锂资源. 矿物学报，41(S1): 382-390.

范宏瑞，牛贺才，李晓春，等，2020. 中国内生稀土矿床类型、成矿规律与资源展望. 科学通报，65(33): 3778-3793.

付小方，侯立玮，梁斌，等，2017. 甲基卡式花岗伟晶岩型锂矿床成矿模式与三维勘查找矿模型. 北京: 科学出版社.

付小方，梁斌，邹付戈，等，2021. 川西甲基卡锂等稀有多金属矿田成矿地质特征与成因分析. 地质学报，95(10): 3054-3068.

龚大兴，田恩源，肖斌，等，2023. 川滇黔相邻区古陆相沉积型稀土的发现及意义. 矿床地质，42(5): 1025-1033.

衮民汕，蔡国盛，曾道国，等，2021. 贵州西部二叠系峨眉山玄武岩顶部古风化壳钪-铌-稀土矿化富集层的发现与意义. 矿物学报，41(4): 531-547.

郭正吾，1996. 四川盆地形成与演化. 北京: 地质出版社.

韩有松，孟广兰，王少青，1996. 中国北方沿海第四纪地下卤水. 北京: 科学出版社.

郝雪峰，彭宇，唐屹，等，2023. 川南兴文地区上二叠统龙潭组下部发现 Li、Ga、Nb、REE 等关键金属富集层. 地质论评，69(1): 415-417.

何斌，徐义刚，肖龙，等，2003. 峨眉山大火成岩省的形成机制及空间展布: 来自沉积地层学的新证据. 地质学报，77(2): 194-202.

何海洋，何敏，李建武，2018. 我国铌矿资源供需形势分析. 中国矿业，27(11): 1-5.

何季麟，2003. 中国钽铌工业的进步与展望. 中国工程科学，5(5): 40-46.

洪汉烈，2010. 黏土矿物古气候意义研究的现状与展望. 地质科技情报，29(1): 1-8.

侯海峰，杜庆安，林建绥，等，2019. 贵州水城-纳雍地区峨眉山玄武岩风化壳离子吸附型稀土矿床地质特征及资源潜力. 地质与勘探，55(S1): 351-356.

黄苑龄，谷静，张杰，等，2021. 黔北务—正—道铝土矿中稀土元素赋存状态. 矿物学报，41(S1): 454-459.

黄智龙，范宏鹏，2021. 含铝岩系中的关键金属资源: 代序. 矿物学报，41(S1): 377-381.

黄智龙，金中国，向贤礼，等，2014. 黔北务正道铝土矿成矿理论及预测. 北京: 科学出版社.

季根源，张洪平，李秋玲，等，2018. 中国稀土矿产资源现状及其可持续发展对策. 中国矿业，27(8): 9-16.

贾永斌，于文修，温汉捷，等，2023. 滇中盆地南缘富锂黏土岩地球化学特征及沉积环境初探. 沉积学报，41（1）: 170-182.

姜芮雯，2021. 川西南峨眉山玄武质岩浆喷发旋回及其地质意义. 北京: 中国地质大学（北京）.

《矿产资源综合利用手册》编辑委员会，2000. 矿产资源综合利用手册. 北京: 科学出版社.

李健康，李鹏，王登红，等，2019. 中国铌钽矿成矿规律. 科学通报，64(15): 1545-1566.

李胜荣，许虹，申俊峰，等，2008. 结晶学与矿物学. 北京: 地质出版社.

凌坤跃，温汉捷，张起钻，等，2021. 广西平果上二叠统合山组关键金属锂和铌的超常富集与成因. 中国科学: 地球科学，51(6): 853-873.

刘殿蕊，2020. 云南宣威地区峨眉山玄武岩风化壳中发现铌、稀土矿. 中国地质，47(2): 540-541.

刘平，2001. 八论贵州之铝土矿: 黔中-渝南铝土矿成矿背景及成因探讨. 贵州地质，18(4): 238-243.

刘英俊, 曹励明, 李兆麟, 等, 1984. 元素地球化学. 北京: 科学出版社.

卢静文, 彭晓蕾, 徐丽杰, 1997. 山西铝土矿床成矿物质来源. 长春地质学院学报, 27(2): 147-151.

卢宜冠, 郝波, 孙凯, 等, 2020. 钴金属资源概况与资源利用情况分析. 地质调查与研究, 43(1): 72-80.

罗泰义, 戴向东, 朱丹, 等, 2007. 镓的成矿作用及其在峨眉山大火成岩省中的成矿效应. 矿物学报, 27(S1): 281-286.

毛景文, 杨宗喜, 谢桂青, 等, 2019a. 关键矿产: 国际动向与思考. 矿床地质, 38(4): 689-698.

毛景文, 袁顺达, 谢桂青, 等, 2019b. 21 世纪以来中国关键金属矿产找矿勘查与研究新进展. 矿床地质, 38(5): 935-969.

四川省地质调查院, 2023. 中国区域地质志-四川志. 北京: 地质出版社.

苏乔, 于洪军, 徐兴永, 等, 2011. 莱州湾南岸滨海平原地下卤水水化学特征. 海洋科学进展, 29(2): 163-169.

苏之良, 薛洪富, 金中国, 等, 2021. 黔西北峨眉山玄武岩顶部 Fe-Al 岩系钪、铌、稀土分布特征与富集规律. 矿物学报, 41(S1): 520-530.

孙艳, 王登红, 高允, 等, 2018. 重庆铜梁地区富锂绿豆岩地球化学特征. 岩石矿物学杂志, 37(3): 445-453.

孙艳, 耿晓磊, 周炜智, 等, 2023. 冀东蓟县群白云岩中锂资源的成因与赋存状态研究. 岩石学报, 39(9): 2761-2777.

汤艳杰, 贾建业, 刘建朝, 2002. 豫西地区铝土矿中镓的分布规律研究. 矿物岩石, 22(1): 15-20.

田恩源, 龚大兴, 赖杨, 等, 2021. 贵州威宁地区沉积型稀土含矿岩系成因与富集规律. 地球科学(8): 2711-2731.

田景春, 张翔, 2016. 沉积地球化学. 北京: 地质出版社.

涂光炽, 高振敏, 胡瑞忠, 等, 2004. 分散元素地球化学及成矿机制. 北京: 地质出版社.

王晨阳, 汪鹏, 汤林彬, 等, 2022. 碳中和背景下中国电动车产业稀土需求预测. 科技导报, 40(8): 50-61.

王登红, 李沛刚, 屈文俊, 等, 2013. 贵州大竹园铝土矿中钨和锂的发现与综合评价. 中国科学(地球科学), 43(1): 44-51.

王辉, 张福强, 张德高, 等, 2023. 黏土型锂矿床勘查开发过程中的瓶颈问题和若干思考. 地质论评, 69(4): 1298-1312.

王路, 汪鹏, 王翘楚, 等, 2022. 稀土资源的全球分布与开发潜力评估. 科技导报, 40(8): 27-39.

王秋舒, 2016. 全球锂矿资源勘查开发及供需形势分析. 中国矿业, 25(3): 11-15, 24.

王瑞江, 王登红, 李建康, 等, 2015. 稀有稀土稀散矿产资源及其开发利用. 北京: 地质出版社.

王秀平, 王启宇, 安显银, 2022. 川南地区二叠系沉积环境及其演化特征: 以四川古蔺芭蕉村剖面为例. 沉积与特提斯地质, 42(3): 398-412.

王学求, 刘汉粮, 王玮, 等, 2020. 中国锂矿地球化学背景与空间分布: 远景区预测. 地球学报, 41(6): 797-806.

王学求, 周建, 张必敏, 等, 2022. 云南红河州超大规模离子吸附型稀土矿的发现及其意义. 地球学报, 43(4): 509-519.

王宇非, 王智琳, 鲁安怀, 等, 2021. 黔中猫场杨家洞矿段铝土矿中富钴黄铁矿的发现与意义. 矿物学报, 41(4): 460-474.

王志华, 侯岚, 高永伟, 等, 2018. 西天山智博铁矿床黄铁矿成分特征及硫同位素研究. 矿床地质, 37(6): 1319-1336.

魏均启, 鲁力, 吴健, 等, 2016. 湖北竹溪县某铌矿矿物组成及 Nb 的赋存状态. 矿产综合利用(2): 74-77.

温汉捷, 朱传威, 杜胜江, 等, 2020. 中国镓锗铊镉资源. 科学通报, 65(33): 3688-3699.

文博杰, 陈毓川, 王高尚, 等, 2019. 2035 年中国能源与矿产资源需求展望. 中国工程科学, 21(1): 68-73.

吴澄宇, 卢海龙, 徐磊明, 等, 1993. 南岭热带—亚热带风化壳中稀土元素赋存形式的初步研究. 矿床地质, 12(4): 297-307.

吴福元, 刘小驰, 纪伟强, 等, 2017. 高分异花岗岩的识别与研究. 中国科学: 地球科学, 47(7): 745-765.

吴国炎, 1997. 华北铝土矿的物质来源及成矿模式探讨. 河南地质(3): 161-166.

徐义刚, 何斌, 罗震宇, 等, 2013. 我国大火成岩省和地幔柱研究进展与展望. 矿物岩石地球化学通报, 32(1): 25-39.

徐莺, 戴宗明, 龚大兴, 等, 2018. 贵州某地二叠系宣威组富稀土岩系稀土元素赋存状态研究. 矿产综合利用(6): 90-94, 101.

许德如, 王智琳, 聂逢君, 等, 2019. 中国钴矿资源现状与关键科学问题. 中国科学基金, 33(2): 125-132.

许志琴, 付小方, 马绪宣, 等, 2016. 青藏高原片麻岩穹窿与找矿前景. 地质学报, 90(11): 2971-2981.

许志琴, 朱文斌, 郑碧海, 等, 2023. 川西甲基卡伟晶岩型锂矿的"多层次穹状花岗岩席"控矿新理论: 记"川西甲基卡锂矿科学钻探" 创新成果. 地质学报, 97(10): 3133-3146.

严育通, 李胜荣, 贾宝剑, 等, 2012. 中国不同成因类型金矿床的黄铁矿成分标型特征及统计分析. 地学前缘, 19(4): 214-226.

杨季华, 罗重光, 杜胜江, 等, 2020. 高黏土含量沉积岩古环境指标适用性讨论. 矿物学报, 40(6): 723-733.

杨瑞东, 鲍淼, 廖琍, 等, 2007. 贵州西部中、上二叠统界线附近风化壳类型及成矿作用. 矿物学报, 27(1): 41-48.

尹传凯, 王春连, 游超, 等, 2024. 中国锆矿资源特征、矿床类型、开发利用及找矿远景. 中国地质, 51(6): 1930-1945.

于鑫, 杨江海, 刘建中, 等, 2017. 黔西南晚二叠世龙潭组物源分析及区域沉积古地理重建. 地质学报, 91(6): 1374-1385.

翟明国, 吴福元, 胡瑞忠, 等, 2019. 战略性关键金属矿产资源: 现状与问题. 中国科学基金, 33(2): 106-111.

张海, 郭佩佩, 2021. 贵州西部峨眉山玄武岩风化壳稀土元素迁移富集规律研究. 中国稀土学报, 39(5): 786-795.

张海, 郭佩佩, 杨国彬, 2022. 贵州西部峨眉山玄武岩风化壳中稀土元素赋存状态研究. 中国稀土学报, 40(5): 901-908.

张宏飞, 高山, 2012. 地球化学. 北京: 地质出版社.

张七道, 肖长源, 李致伟, 等, 2022. 黔西北普宜地区富关键金属元素硫铁矿地质、地球化学和 S 同位素特征及其对成因的约束. 地质科技通报, 41(4): 149-164.

张启明, 秦建华, 廖震文, 等, 2015. 滇东南晚二叠世铝土矿地球化学特征及物源分析. 现代地质, 29(1): 32-44.

张然, 肖志斌, 付超, 等, 2022. 胶东地区新立金矿中金矿物和载金黄铁矿成因矿物学特征及地质意义. 岩矿测试, 41(6): 997-1006.

赵晨君, 康志宏, 侯阳红, 等, 2020. 下扬子二叠系泥页岩稀土元素地球化学特征及地质意义. 地球科学, 45(11): 4118-4127.

赵浩男, 邢乐才, 何洪涛, 等, 2022. 广西平果上二叠统合山组铝土矿中铌的赋存状态. 矿物学报, 42(4): 453-460.

赵静, 梁金龙, 李军, 等, 2019. 贵州太平洞金矿床载金黄铁矿的矿物学特征及原位微区硫同位素分析. 大地构造与成矿学, 43(2): 258-270.

赵凯, 杨立强, 李坡, 等, 2013. 滇西老王寨金矿床黄铁矿形貌特征与化学组成. 岩石学报, 29(11): 3937-3948.

赵晓东, 凌小明, 郭华, 等, 2015. 重庆大佛岩铝土矿床地质特征、矿床成因及伴生矿产综合利用. 吉林大学学报(地球科学版), 45(4): 1086-1097.

赵振华, 熊小林, 王强, 等, 2008. 铌与钽的某些地球化学问题. 地球化学, 37(4): 304-320.

赵芝, 王登红, 王成辉, 等. 2019. 离子吸附型稀土找矿及研究新进展. 地质学报, 93(6): 1454-1465.

周美夫, 李欣禧, 王振朝, 等, 2020. 风化壳型稀土和钪矿床成矿过程的研究进展和展望. 科学通报, 65: 3809-3824.

周义平, 1999. 中国西南龙潭早期碱性火山灰蚀变的 TONSTEINS. 煤田地质与勘探, 27(4): 5-9.

朱江, 张招崇, 侯通, 等, 2011. 贵州盘县峨眉山玄武岩系顶部凝灰岩 LA-ICP-MS 锆石 U-Pb 年龄: 对峨眉山大火成岩省与生物大规模灭绝关系的约束. 岩石学报, 27(9): 2743-2751.

朱丽, 杨永琼, 顾汉念, 等, 2021. 电感耦合等离子体质谱-X 射线衍射法研究云南玉溪和美国内华达地区黏土型锂资源矿物学特征. 岩矿测试, 40(4): 532-541.

《中国矿床发现史·贵州卷》编委会. 1996. 中国矿床发现史-贵州卷. 北京: 地质出版社.

Ali J R, Thompson G M, Zhou M F, et al. , 2005. Emeishan large igneous province, SW China. Lithos, 79(3-4): 475-489.

Allègre C J, Minster J F, 1978. Quantitative models of trace element behavior in magmatic processes. Earth and Planetary Science Letters, 38(1): 1-25.

Alonso E, Sherman A M, Wallington T J, et al. , 2012. Evaluating rare earth element availability: A case with revolutionary demand from clean technologies. Environmental Science & Technology, 46(6): 3406-3414.

Ballouard C, Poujol M, Boulvais P, et al. , 2016. Nb-Ta fractionation in peraluminous granites: A marker of the magmatic-hydrothermal transition. Geology, 44(3): 231-234.

Bau M, Möller P, 1992. Rare earth element fractionation in metamorphogenic hydrothermal calcite, magnesite and siderite. Mineralogy and Petrology, 45(3): 231-246.

Bauer A, Velde B D, 2014. Geochemistry at the Earth's Surface: Movement of Chemical Elements. Berlin, Heidelberg: Springer Berlin Heidelberg.

Benson T R, Coble M A, Rytuba J J, et al. , 2017. Lithium enrichment in intracontinental rhyolite magmas leads to Li deposits in caldera basins. Nature Communications, 8(1): 270.

Bowell R J, Lagos L, de los Hoyos C R, et al. , 2020. Classification and characteristics of natural lithium resources. Elements, 16(4): 259-264.

Boynton W V, 1984. Cosmochemistry of the rare earth elements: Meteorite studies//Rare Earth Element Geochemistry. Amsterdam: Elsevier.

Bralia A, Sabatini G, Troja F, 1979. A revaluation of the Co/Ni ratio in pyrite as geochemical tool in ore genesis problems. Mineralium Deposita, 14(3): 353-374.

Braun J J, Pagel M, Muller J P, et al. , 1990. Cerium anomalies in lateritic profiles. Geochimica et Cosmochimica Acta, 54(3): 781-795.

Canfield D E, Thamdrup B, 1994. The production of ^{34}S-depleted sulfide during bacterial disproportionation of elemental sulfur. Science, 266: 1973-1975.

Carew M A, Rossi M E, 2016. Independent Technical Report for the Lithium Nevada Project. Nevada, USA. SRK Consulting Technical Report.

Chen M, Li X H, He Y H, et al. , 2016. Increasing sulfate concentrations result in higher sulfide production and phosphorous mobilization in a shallow eutrophic freshwater lake. Water Research, 96: 94-104.

Craig J R, Vokes F M, Solberg T N, 1998. Pyrite: Physical and chemical textures. Mineralium Deposita, 34(1): 82-101.

Crook K A W. 2000. Sedimentology and sedimentary basins: From turbulence to tectonics. Sedimentary Geology, 137(3-4): 245-246.

da Silva A L, Hotza D, Castro R H R, 2017. Surface energy effects on the stability of anatase and rutile nanocrystals: A predictive diagram for Nb_2O_5-doped-TiO_2. Applied Surface Science, 393: 103-109.

Dai S F, Zhou Y P, Zhang M Q, et al. , 2010. A new type of Nb (Ta)–Zr(Hf)–REE–Ga polymetallic deposit in the Late Permian coal-bearing strata, eastern Yunnan, southwestern China: Possible economic significance and genetic implications. International Journal of Coal Geology, 83(1): 55-63.

Dai S F, Li T, Seredin V V, et al. , 2014. Origin of minerals and elements in the Late Permian coals, tonsteins, and host rocks of the Xinde Mine, Xuanwei, eastern Yunnan, China. International Journal of Coal Geology, 121: 53-78.

Deblonde G J, Chagnes A, Bélair S, et al. , 2015. Solubility of niobium(V) and tantalum(V) under mild alkaline conditions. Hydrometallurgy, 156: 99-106.

Elshkaki A, 2020. Long-term analysis of critical materials in future vehicles electrification in China and their national and global implications. Energy, 202: 117697.

Fan C L, Mao J W, Ye H S, et al. , 2023. In situ trace element and sulfur isotope of pyrite from the sediment-hosted Cu–Co deposits in the Zhongtiao Mountains, Trans-North China Orogen: Implications for ore genesis. Ore Geology Reviews, 152, 105260.

Fishman T, Myers R, Rios O, et al. , 2018. Implications of emerging vehicle technologies on rare earth supply and demand in the United States. Resources, 7(1): 9.

Frenzel M, Hirsch T, Gutzmer J, 2016. Gallium, germanium, indium, and other trace and minor elements in sphalerite as a function of deposit type: A meta-analysis. Ore Geology Reviews, 76: 52-78.

Friis H, Casey W H, 2018. Niobium is highly mobile As a polyoxometalate ion during natural weathering. The Canadian Mineralogist, 56(6): 905-912.

Guo F, Fan W M, Wang Y J, et al. , 2004. When did the Emeishan mantle plume activity start? geochronological and geochemical evidence from ultramafic-mafic dikes in southwestern China. International Geology Review, 46(3): 226-234.

Hastie A R, Mitchell S F, Kerr A C, et al. , 2011. Geochemistry of rare high-Nb basalt lavas: Are they derived from a mantle wedge metasomatised by slab melts? Geochimica et Cosmochimica Acta, 75(17): 5049-5072.

Hatch J R, Leventhal J S, 1992. Relationship between inferred redox potential of the depositional environment and geochemistry of the Upper Pennsylvanian (Missourian) Stark Shale Member of the Dennis Limestone, Wabaunsee County, Kansas, U. S. A. Chemical Geology, 99(1-3): 65-82.

Hayashi K I, Fujisawa H, Holland H D, et al. , 1997. Geochemistry of~1. 9 Ga sedimentary rocks from northeastern Labrador, Canada. Geochimica et Cosmochimica Acta, 61(19): 4115-4137.

He B, Xu Y G, Chung S L, et al. , 2003. Sedimentary evidence for a rapid, kilometer-scale crustal doming prior to the eruption of the Emeishan flood basalts. Earth and Planetary Science Letters, 213(3-4): 391-405.

He B, Xu Y G, Huang X L, et al. , 2007. Age and duration of the Emeishan flood volcanism, SW China: Geochemistry and SHRIMP zircon U–Pb dating of silicic ignimbrites, post-volcanic Xuanwei formation and clay tuff at the Chaotian section. Earth and Planetary Science Letters, 255(3-4): 306-323.

He M Y, Luo C G, Yang H J, et al. , 2020. Sources and a proposal for comprehensive exploitation of lithium brine deposits in the Qaidam Basin on the northern Tibetan Plateau, China: Evidence from Li isotopes. Ore Geology Reviews, 117: 103277.

Head I M, Martin Jones D, Larter S R, 2003. Biological activity in the deep subsurface and the origin of heavy oil. Nature, 426(6964): 344-352.

Hieronymus B, Kotschoubey B, Boulègue J, 2001. Gallium behaviour in some contrasting lateritic profiles from Cameroon and Brazil. Journal of Geochemical Exploration, 72(2): 147-163.

Hower J, Granite E, Mayfield D, et al. , 2016. Notes on contributions to the science of rare earth element enrichment in coal and coal combustion byproducts. Minerals, 6(2): 32.

Hu X K, Tang L, Zhang S T, et al. , 2019. In situ trace element and sulfur isotope of pyrite constrain ore genesis in the Shapoling molybdenum deposit, East Qinling Orogen, China. Ore Geology Reviews, 105: 123-136.

Jackson J C, Horton J W, Chou I M, et al. , 2006. A shock-induced polymorph of anatase and rutile from the Chesapeake Bay impact structure, Virginia, U. S. A. American Mineralogist, 91(4): 604-608.

Jones B, Manning D A C, 1994. Comparison of geochemical indices used for the interpretation of palaeoredox conditions in ancient mudstones. Chemical Geology, 111(1-4): 111-129.

Kesler S E, Gruber P W, Medina P A, et al. , 2012. Global lithium resources: Relative importance of pegmatite, brine and other deposits. Ore Geology Reviews, 48: 55-69.

Kopeykin V A, 1984. Geochemical features of the behavior of gallium in laterization. Geochemistry International, 21: 162-166.

Küster D, 2009. Granitoid-hosted Ta mineralization in the Arabian–Nubian shield: Ore deposit types, tectono-metallogenetic setting and petrogenetic framework. Ore Geology Reviews, 35(1): 68-86.

Lai H, Deng J S, Liu Z L, et al. , 2020. Determination of Fe and Zn contents and distributions in natural sphalerite/marmatite by various analysis methods. Transactions of Nonferrous Metals Society of China, 30(5): 1364-1374.

Leeder M, 1999. Sedimentology and Sedimentary Basins: From Turbulence to Tectonics. Oxford: Blackwell Science.

Li J S, Peng K, Wang P, et al. , 2020. Critical rare-earth elements mismatch global wind-power ambitions. One Earth, 3(1): 116-125.

Li X Y, Ge J P, Chen W Q, et al. , 2019. Scenarios of rare earth elements demand driven by automotive electrification in China: 2018–2030. Resources, Conservation and Recycling, 145: 322-331.

Li Y H M, Zhao W W, Zhou M F, 2017. Nature of parent rocks, mineralization styles and ore genesis of regolith-hosted REE deposits in South China: An integrated genetic model. Journal of Asian Earth Sciences, 148: 65-95.

Ling K Y, Zhu X Q, Tang H S, et al. , 2018. Geology and geochemistry of the xiaoshanba bauxite deposit, central Guizhou Province, SW China: Implications for the behavior of trace and rare earth elements. Journal of Geochemical Exploration, 190: 170-186.

Ling K, Wen H, Zhang Q, et al. , 2021. Super-enrichment of lithium and niobium in the upper Permian Heshan Formation in Pingguo, Guangxi, China. Science China Earth Sciences, 64(5): 753-772.

Liu S L, Fan H R, Liu X, et al. , 2023. Global rare earth elements projects: New developments and supply chains. Ore Geology Reviews, 157: 105428.

Liu X F, Wang Q F, Feng Y W, et al. , 2013. Genesis of the Guangou karstic bauxite deposit in western Henan, China. Ore Geology Reviews, 55: 162-175.

Liu Y X, Alessi D S, Flynn S L, et al. , 2018. Acid-base properties of kaolinite, montmorillonite and illite at marine ionic strength. Chemical Geology, 483: 191-200.

Lo C H, Chung S L, Lee T Y, et al. , 2002. Age of the Emeishan flood magmatism and relations to Permian–Triassic boundary events. Earth and Planetary Science Letters, 198(3-4): 449-458.

Long Y Z, Lu A H, Gu X P, et al. , 2020. Cobalt enrichment in a paleo-karstic bauxite deposit at Yunfeng, Guizhou Province, SW China. Ore Geology Reviews, 117: 103308.

McLennan S M, 1993. Weathering and global denudation. The Journal of Geology, 101(2): 295-303.

Moldoveanu G A, Papangelakis V G, 2016. An overview of rare-earth recovery by ion-exchange leaching from ion-adsorption clays of various origins. Mineralogical Magazine, 80(1): 63-76.

Münker C, Pfänder J A, Weyer S, et al. , 2003. Evolution of planetary cores and the Earth-Moon system from Nb/Ta systematics. Science, 301(5629): 84-87.

Nassar N T, Wilburn D R, Goonan T G, 2016. Byproduct metal requirements for U. S. wind and solar photovoltaic electricity generation up to the year 2040 under various Clean Power Plan scenarios. Applied Energy, 183: 1209-1226.

Nico C, Monteiro T, Graça M P F, 2016. Niobium oxides and niobates physical properties: Review and prospects. Progress in Materials Science, 80: 1-37.

Ohmoto H, 1986. Stable isotope geochemistry of ore deposits. Reviews in Mineral, (16): 491-559.

Ohmoto H, Rye R O, 1979. Isotopes of sulfur and carbon // Barnes H L. Geochemistry of Hydrothermal Ore Deposits. New York: John Wiley and Sons.

Pal D C, Mishra B, Bernhardt H J, 2007. Mineralogy and geochemistry of pegmatite-hosted Sn-, Ta–Nb-, and Zr–Hf-bearing minerals from the southeastern part of the Bastar-Malkangiri pegmatite belt, Central India. Ore Geology Reviews, 30(1): 30-55.

Pohl W, 2006. Introduction to ore-forming processes, by Laurence robb. Mineralium Deposita, 41: 735-736.

Price B J, 1972. Minor Elements in Pyrites from the Smithers Map area, Bc and Exploration Applications of Minor Element Studies. Vancouver：University of British Columbia.

Robb L, 2005 . Introduction to Ore Forming Processes. Malden: Blackwell Science.

Roskill R E, 2011. Rare Earths and Yttrium: Market Outlook to 2015. London: Roskill Information Services Ltd.

Sanematsu K, Watanabe Y, 2016. Characteristics and genesis of ion adsorption-type rare earth element deposits//Verplanck P L, Hitzman M W. Reviews in EconomicGeology Vol. 18. Society of Economic Geologists: 55-79.

Seredin V V, 2010. A new method for primary evaluation of the outlook for rare earth element ores. Geology of Ore Deposits, 52(5): 428-433.

Shellnutt J G, 2014. The Emeishan large igneous province: A synthesis. Geoscience Frontiers, 5(3): 369-394.

Southam G, Saunders J A, 2005. The geomicrobiology of ore deposits. Economic Geology, 100(6): 1067-1084.

Sun Y D, Lai X L, Wignall P B, et al. , 2010. Dating the onset and nature of the Middle Permian Emeishan large igneous province eruptions in SW China using conodont biostratigraphy and its bearing on mantle plume uplift models. Lithos, 119(1-2): 20-33.

Sun Y Z, Zhao C L, Qin S J, et al. , 2016. Occurrence of some valuable elements in the unique 'high-aluminium coals' from the Jungar coalfield, China. Ore Geology Reviews, 72: 659-668.

Tan H B, Chen J, Rao W B, et al. , 2012. Geothermal constraints on enrichment of boron and lithium in salt lakes: An example from a river-salt lake system on the northern slope of the eastern Kunlun Mountains, China. Journal of Asian Earth Sciences, 51: 21-29.

Tang L, Hu X K, Santosh M, et al. , 2019. Multistage processes linked to tectonic transition in the genesis of orogenic gold deposit: A case study from the Shanggong lode deposit, East Qinling, China. Ore Geology Reviews, 111: 102998.

Taylor S R, Mclennan S M, 1985. The continental crust: its composition and evolution. The Journal of Geology, 94(4): 57-72.

Tomascak P B, Magna T, Dohmen R, 2016. Advances in Lithium Isotope Geochemistry. Cham: Springer International Publishing.

USGS, 2018. Mineral Commodity Summaries-Niobium (Columbium). Geological Survey, 114-115.

Verley G G, Vidal M F, MacNeill E, 2012. Report on the Sonora Lithium Project. Technical Report on the Sonora Lithium Project, Sonora, Mexico.

Wang D H, Li P G, Qu W J, et al. , 2013. Discovery and preliminary study of the high tungsten and lithium contents in the Dazhuyuan bauxite deposit, Guizhou, China. Science China Earth Sciences, 56(1): 145-152.

Wang Q C, Wang P, Qiu Y, et al. , 2020. Byproduct surplus: Lighting the depreciative europium in China's rare earth boom. Environmental Science & Technology, 54(22): 14686-14693.

Winchester J A, Floyd P A, 1977. Geochemical discrimination of different Magma series and their differentiation products using immobile elements. Chemical Geology, 20: 325-343.

Xu C, Kynický J, Smith M P, et al. , 2017. Origin of heavy rare earth mineralization in South China. Nature Communications, 8: 14598.

Xu Y G, Chung S L, Shao H, et al. , 2010. Silicic magmas from the Emeishan large igneous province, Southwest China: Petrogenesis and their link with the end-guadalupian biological crisis. Lithos, 119(1-2): 47-60.

Yang J H, Cawood P A, Du Y S, 2015. Voluminous silicic eruptions during Late Permian Emeishan igneous province and link to climate cooling. Earth and Planetary Science Letters, 432: 166-175.

Yang R D, Wang W, Zhang X D, et al. , 2008. A new type of rare earth elements deposit in weathering crust of Permian basalt in western Guizhou, NW China. Journal of Rare Earths, 26(5): 753-759.

Yang S J, Wang Q F, Deng J, et al. , 2019. Genesis of Karst bauxite-bearing sequences in Baofeng, Henan (China), and the distribution of critical metals. Ore Geology Reviews, 115: 103161.

Yang S Y, Jiang S Y, Mao Q, et al. , 2022. Electron probe microanalysis in geosciences: Analytical procedures and recent advances. Atomic Spectroscopy, 43(1): 186-200.

Yang X J, Lin A J, Li X L, et al. , 2013. China's ion-adsorption rare earth resources, mining consequences and preservation. Environmental Development, 8: 131-136.

Yu W C, Algeo T J, Du Y S, et al. , 2016. Mixed volcanogenic–lithogenic sources for Permian bauxite deposits in southwestern Youjiang Basin, South China, and their metallogenic significance. Sedimentary Geology, 341: 276-288.

Zhang Z W, Zheng G D, Takahashi Y, et al. , 2016. Extreme enrichment of rare earth elements in hard clay rocks and its potential as a resource. Ore Geology Reviews, 72: 191-212.

Zhang Z Z, Qin J F, Lai S C, et al. , 2021. High-temperature melting of different crustal levels in the inner zone of the Emeishan large igneous province: Constraints from the Permian ferrosyenite and granite from the Panxi region. Lithos, 402: 105979.

Zhao H X, Frimmel H E, Jiang S Y, et al. , 2011. LA-ICP-MS trace element analysis of pyrite from the Xiaoqinling gold district, China: Implications for ore genesis. Ore Geology Reviews, 43(1): 142-153.

Zhao L, Ward C R, French D, et al. , 2018. Origin of a kaolinite-NH_4-illite-pyrophyllite-chlorite assemblage in a marine-influenced anthracite and associated strata from the Jincheng Coalfield, Qinshui Basin, Northern China. International Journal of Coal Geology, 185: 61-78.

Zhao L X, Dai S F, Graham I T, et al. , 2016a. New insights into the lowest Xuanwei formation in eastern Yunnan Province, SW China: Implications for Emeishan large igneous province felsic tuff deposition and the cause of the end-guadalupian mass extinction. Lithos, 264: 375-391.

Zhao L X, Dai S F, Graham I, et al. , 2016b. Clay mineralogy of coal-hosted Nb-Zr-REE-Ga mineralized beds from Late Permian strata, eastern Yunnan, SW China: Implications for paleotemperature and origin of the micro-quartz. Minerals, 6(2): 45.

Zhao L X, Dai S F, Graham I T, et al. , 2017. Cryptic sediment-hosted critical element mineralization from eastern Yunnan Province, southwestern China: Mineralogy, geochemistry, relationship to Emeishan alkaline magmatism and possible origin. Ore Geology Reviews, 80: 116-140.

Zhong Y T, He B, Xu Y G, 2013. Mineralogy and geochemistry of claystones from the guadalupian–lopingian boundary at penglaitan, South China: Insights into the pre-lopingian geological events. Journal of Asian Earth Sciences, 62: 438-462.

Zhou L J, Zhang Z W, Li Y J, et al. , 2013. Geological and geochemical characteristics in the paleo-weathering crust sedimentary type REE deposits, western Guizhou, China. Journal of Asian Earth Sciences, 73: 184-198.

Zhou Y P, Bohor B F, Ren Y L, 2000. Trace element geochemistry of altered volcanic ash layers (tonsteins) in Late Permian coal-bearing formations of eastern Yunnan and western Guizhou Provinces, China. International Journal of Coal Geology, 44 (3-4) : 305-324.

Zhu J C, Li R K, Li F C, et al. , 2001. Topaz–albite granites and rare-metal mineralization in the Limu District, Guangxi Province, Southeast China. Mineralium Deposita, 36 (5) : 393-405.

Zou H, Hu C H, Santosh M, et al. , 2022. Crust-derived felsic magmatism in the Emeishan large igneous Province: New evidence from zircon U-Pb-Hf-O isotope from the Yangtze Block, China. Geoscience Frontiers, 13 (3) : 101369.